(Par L. Ch. Soyer, le nom d'auteur figure sur
le titre de la nouvelle édition, reliée à la suite de
celle-ci)

MODÈLES D'ORFÉVRERIE,

CHOISIS A L'EXPOSITION

DES PRODUITS DE L'INDUSTRIE FRANÇAISE,

AU LOUVRE, EN 1819,

Réduits et gravés au trait d'après les pièces originales, ou les dessins qui ont servi à leur exécution ;

RECUEIL de 72 planches, contenant environ 180 pièces de haute orfévrerie, accompagnées d'un texte explicatif et critique, et d'un aperçu rapide sur les progrès de cette branche de l'industrie française, considérée sous les rapports de l'art et de l'économie politique.

A PARIS,

CHEZ BANCE aîné, Marchand d'Estampes, rue Saint-Denis, n.º 214.

1822.

IMPRIMERIE DE DEBUSSECHER.

AVANT-PROPOS.

Depuis vingt ans l'orfévrerie française a pris un essor extraordinaire, et elle est parvenue aujourd'hui à un degré de perfection qui ne paraît pas pouvoir être dépassé. Aussi n'y a-t-il pas un souverain en Europe, un prince, un riche particulier qui ne soit jaloux de faire ses commandes en France. Son mérite consiste autant dans le choix, la variété des modèles, la pureté et l'élégance des formes, la richesse, le bon goût et le judicieux emploi des ornemens, que dans la finesse, la grâce et le bien rendu des détails, la perfection de la ciselure, et l'heureuse harmonie de l'ensemble. Parmi les orfèvres qui ont le plus contribué au perfectionnement de cette branche de notre industrie, MM. Auguste, Odiot, Biennais, Cahier occupent le premier rang. Ce sont eux qui commencèrent à rechercher dans les monumens de l'antiquité des formes et des ornemens d'un meilleur goût, et qui surent, les premiers, accommoder à nos besoins et à nos usages les ustensiles qui nous sont restés des Grecs, des Etrusques et des Romains. Leur exemple fut bientôt suivi par les fabricans de seconde classe. Ceux des provinces se virent aussi forcés d'abandonner leurs modèles gothiques, et, en peu de temps la révolution fut complète. Des ateliers de ces estimables fabricans, sont sortis des élèves qui marchent aujourd'hui sur les traces de leurs maîtres, et qui conserveront à notre orfévrerie la supériorité qu'on lui reconnaît généralement.

Pour donner une idée de quelle importance est devenue pour la France cette branche de son industrie, nous allons offrir un aperçu rapide de l'accroissement progressif de son produit annuel.

Sous Colbert, il n'y avait pour toute la France que 300 maîtres orfèvres, bijoutiers et joailliers. Cent ans plus tard ce nombre s'élevait déjà à près de 1200. Aujourd'hui, la ville de Paris compte à elle seule 80 orfèvres, 560 bijoutiers et 240 joailliers; ce qui, pour toute la France, peut porter à 1800, le nombre de ces fabricans.

En 1788, on évaluait à 204 mille marcs le poids des ouvrages d'orfévrerie fabriqués chaque année dans Paris, y compris pour un tiers ce qui était soustrait aux droits du contrôle. De cette fabrication un quart seulement refluait en province ou à l'étranger. Présentement, on contrôle à l'Hôtel des Monnaies, année commune, de 160 à 180 mille marcs d'argent. Si l'on ajoute un quart en sus pour la fabrication clandestine, on trouve que les seuls orfèvres de Paris emploient, annuellement, de 200 à 225 mille marcs d'argent. Comme la main-d'œuvre, y compris les bénéfices du fabricant, s'évaluent ordinairement le double du prix du poids de la matière première, il en résulte, qu'en mettant le marc à 52 fr., Paris fabrique, par an, pour environ 32 millions d'orfévrerie. En ajoutant à ce total le produit des fabriques de province, qui, autrefois, était la moitié de celui de Paris, mais qu'on ne compte plus aujourd'hui que pour un quart, on aura une masse de 40 millions de francs. Le calcul des Douanes ayant prouvé que la France ne consomme pas au-delà du quart de sa fabrication, on peut juger de quel rapport est pour elle cette branche d'industrie ; quelle aisance elle procure aux dessinateurs, ciseleurs, modeleurs, et artisans qu'elle occupe continuellement, et combien doit être grand le nombre des bras qu'elle met chaque jour en activité.

A cette branche importante de notre industrie s'en rattachent d'autres, dont notre commerce ne retire pas un moins grand avantage, et qui, malgré leurs diverses dénominations, peuvent être rangées dans la classe de l'orfévrerie proprement dite. Nous voulons parler de nos manufactures de plaqué d'or et d'argent, qui ne craignent plus, comme autrefois, la concurrence de l'Angleterre ; nos fabriques de bronzes ciselés et dorés, reconnues pour être les premières de l'Europe ; celles de platine, dont les produits sont devenus considérables depuis que nous sommes parvenus à rendre ce métal aussi maléable que l'argent ; et beaucoup d'autres encore qu'il serait trop long de détailler ici. Toutes ces branches d'industrie ne diffèrent de l'orfévrerie, que par la matière qu'elles mettent en œuvre. Pour les unes comme pour les autres, les travaux de la forge, du ciselage, du moulage, du repoussée, de l'estampage, etc., sont à peu près les mêmes ; ce sont aussi les mêmes dessinateurs qui les alimentent de modèles.

Les modèles que nous avons rassemblés dans cet ouvrage, ne seront donc pas seulement utiles aux orfèvres, pour lesquels ils ont été spécialement faits : les fabricans que nous venons de nommer, auxquels on peut joindre encore ceux de porcelaine, de cristaux, de tôle vernie et autres, y trouveront, chacun dans leur genre, des sujets susceptibles d'une imitation plus ou moins exacte. Comme le galbe d'un vase ne perd rien de sa beauté pour être profilé en argile plutôt qu'en or ; comme ses ornemens, pour être incrustés ou taillés dans le verre, dessinés en or sur la porcelaine, ou peints sur la tôle, ne cessent dans aucun cas d'être de bon goût ; comme un candelabre, pour avoir été exécuté de petite proportion en argent, n'est ni d'un moins bon style ni d'un moins bon effet, lorsqu'il est reproduit en bronze dans une grande dimension ;

comme enfin , ce qui est vraiment beau ne peut cesser de l'être , sous tel aspect qu'on le présente ; nous nous flattons que ce recueil , qui est le premier de son espèce offert au Public , sera jugé digne de son attention et contribuera autant à la propagation du bon goût qu'à fixer parmi nous le sentiment du beau ; qu'il rappelera à nos fabricans , que ce n'est qu'en prenant ces modèles pour guide , qu'ils conserveront à l'orfévrerie française la prééminence qu'elle s'est acquise sur toute celle de l'Europe.

Les objets d'orfévrerie les plus remarquables exposés au Louvre , en 1819 , étaient sortis , comme aux expositions précédentes , des ateliers de MM. Odiot, Biennais, Cahier, Féburier, etc. On a vu avec plaisir que le noble besoin que chacun avait de se distinguer et de soutenir sa réputation par quelques pièces d'éclat, loin de donner naissance à des ouvrages bizarres, n'a produit que des objets remarquables par la beauté de leur forme, leur nouveauté ; la perfection et le bon choix de leurs ornemens ; le mérite de la composition , ou enfin par leur volume ou la difficulté de leur exécution. Nous le répétons, dans aucun temps l'orfévrerie n'a été portée à un degré aussi élevé de perfection. Pour le prouver , nous avons réuni dans cet ouvrage quelques-unes des meilleures productions des orfèvres du XVI.ᵉ siècle : siècle fameux pour les arts qu'il vit renaître et s'élever rapidement à un degré de splendeur que nous n'avons guère dépassé. Ces modèles, quoique très-recommandables sous le rapport de la composition des bas-reliefs qui les décorent, de la pureté du dessin des figures , de leur bon style, de leur belle exécution et du séduisant de leur ensemble, sont loin de pouvoir être comparés au magnifique déjeûner en vermeil gravé sur la pl. 61 de ce recueil ; à la fontaine à thé que les pl. 1 et 2 présentent sous deux aspects ; du trépied de la pl. 13 ; aux ostensoirs des pl. 21 et 22 ; à la crosse , pl. 33 ; en un mot, aux bonnes productions de nos orfèvres modernes.

A l'inspection des planches de notre ouvrage , on verra que nous nous sommes appliqués à recueillir de préférence les modèles des pièces qui , par leur originalité , la complication , la beauté de leurs formes et de leurs détails , méritaient d'être distinguées ; et que nous nous sommes abstenus de reproduire ces ustensiles vulgaires, dont la forme connue ne peut et ne doit pas varier.

Malgré le grand nombre d'objets que nous avons recueillis, nous sommes loin d'avoir épuisé la matière. On pourrait faire encore un volume des pièces importantes de l'exposition de 1819, que nous n'avons pu faire dessiner. Parmi ces dernières, il en est une très-originale, exécutée par M. Fauconnier ; c'est une fontaine en vermeil qui , au mérite de la plus belle exécution, joint celui d'un perfectionnement qui n'avait point encore été tenté en orfévrerie, et qui consiste à faire rentrer dans le piédestal de la fontaine les robinets qui servent à soutirer la liqueur, robinets dont l'aspect est toujours peu agréable, lorsque le meuble n'est plus qu'un objet de décoration.

A cette exposition, M. Biennais, l'un de nos plus célèbres orfèvres, a soutenu sa réputation par la parfaite exécution du superbe vase en vermeil que l'armée russe lui a commandé, pour l'offrir à son général, M. de Woronzoff. Ce vase, de forme Médicis, est orné de bas-reliefs et d'ornemens du meilleur style et de la plus belle fabrication.

On a vu aussi avec plaisir le riche service en vermeil commandé par M. Demidoff, dont le prix n'est pas estimé moins de 130,000 fr. On y comptait soixante pièces, toutes ornées de bas-reliefs d'un goût exquis, représentant des sujets analogues aux festins. Les principaux vases sont portés par des figures d'un dessin et d'un travail parfait, représentant Bacchus, Cérès, Pomone, etc., etc. Il est douteux que l'art de l'orfévrerie ait rien produit de plus magnifique.

Les ouvrages argentés, dorés, plaqués et doublés étaient en grand nombre et rivalisaient, pour la forme et le précieux du fini, avec les plus belles orfévreries. Il est impossible de rien voir de plus solide et de plus beau que les plaqués d'argent de MM. Châtelain et compagnie, que les vaisselles doublées d'or et d'argent de M. Tourrot, de M. Pillioud, de M. Levrat, etc.

M. Jannetti fils et Chatenay ont exposé des cassolettes, des bols, des couteaux, des cuillers et des fourchettes exécutés en platine, dont les formes élégantes et la pureté des détails prouvent que ce métal, très-réfractaire de son naturel, est devenu presqu'aussi malléable que l'argent depuis que M. Bréant, vérificateur des essais à la Monnaie, est parvenu à le dégager des substances qui le rendent ordinairement cassant et difficile à travailler.

Parmi les fabricans de Bronze, MM. Thomyre et compagnie tiennent toujours le premier rang. Leurs ouvrages se distinguent par leur grandeur, leur richesse, le goût et la perfection du travail. Entre autres productions du premier mérite, nous avons remarqué une copie en bronze de la statue de Germanicus du Musée, qui atteste l'habileté de M. Thomyre, dans l'art du fondeur statuaire.

MM. Desnière et Matelin, M. Lenoir-Ravrio, M. Feuchere ont soutenu leur réputation, comme fabricans de bronze, par des productions du meilleur style, et de l'exécution la plus parfaite.

EXPLICATION DES PLANCHES.

PREMIER CAHIER.

PPANCHES 1 ET 2.

LA fontaine à thé, que ces deux planches présentent sous deux aspects, a été exécutée par M. Cahier, orfévre du Roi, sur les dessins de M. Lafitte, dessinateur du cabinet de Sa Majesté.

La grandeur de cette fontaine, qui a environ 5 pieds 6 pouces de haut, sa forme élégante, l'heureux rapport qui existe entre les différentes parties de son ensemble, la sage distribution des ornemens, leur choix, la pose noble et gracieuse des figures, qui ne sont point ici de vains objets de luxe, enfin l'accord parfait qui règne dans la composition de cet espèce de monument, l'ont fait considérer, comme la pièce d'orfévrerie la plus remarquable de l'exposition au Louvre, en 1819. Pour laisser à son auteur un témoignage de sa satisfaction, le jury lui a décerné la médaille d'or.

L'ensemble et les détails de cette belle fontaine pouvant être appréciés par nos gravures, nous nous abstiendrons d'en donner une description minutieuse; nous nous bornerons à faire remarquer la belle disposition du stylobate, et l'idée ingénieuse qu'a eu l'artiste de faire retomber dans le socle du monument la liqueur qui se perd par les robinets, au moyen des deux soucoupes percées que portent sur leur tête les grandes figures ailés. Les deux vases parallélogramiques placés entre les quatre génies ailés tiennent lieu de sucrier. Les cuillers sont rangées autour du stylobate. Cette pièce capitale, dont l'exécution ne laisse rien à désirer, a été ciselée par M. Buisson.

PLANCHES 3 ET 4.

Ces deux planches offrent la masse et les détails d'une aiguière, et de burettes avec leurs plateaux, exécutés en vermeil, par M. Cahier, également sur les dessins de M. Lafitte. Comme le plateau qui appartient à l'aiguière est en tout semblable, sauf la proportion, à celui des burettes, nous n'avons fait graver que ce dernier. Les sujets qui le décorent sont rendus plus en grand sur la planche troisième. Nous avons aussi développé sur cette planche les bas-reliefs qui entourent les deux burettes. Par la vue de notre gravure, on

peut juger du mérite de l'artiste qui a fourni les dessins, et reconnaître qu'il n'était pas possible de mieux choisir ses sujets, et de les exprimer d'une manière plus satisfaisante; mais ce que le burin du graveur ne peut faire apprécier, c'est le talent avec lequel le ciseleur a rendu ces compositions sur le métal. Il faut avoir vu, comme nous, ce chef-d'œuvre de science, de goût, de patience et d'adresse, pour se faire une idée de sa perfection. Les figures qui servent d'anse à l'aiguière comme aux burettes, peuvent servir de modèles pour la grâce des poses et l'originalité de l'invention.

A côté de l'une des burettes est la sonnette qui doit l'accompagner, et dont la place est marquée sur le plateau qui leur est commun.

Sur la même planche est une pincette à asperges présentée sous deux aspects, afin d'en bien faire connaître la forme.

PLANCHES 5 ET 6.

La ville de Marseille voulant témoigner à l'amiral anglais, lord Exmouth, sa reconnaissance des services importans qu'il lui rendit pendant les cent jours, fit exécuter chez M. Cahier, le monument gravé sur ces deux planches, dont le sujet principal et les accessoires rappellent à-la-fois l'action qui a donné lieu à son érection, le nom, le rang, la patrie du personnage auquel il est dédié, et la ville dont il est un témoignage de gratitude. La planche 5 en représente l'ensemble.

Sur un soubassement triangulaire, supporté par des chimères à queues de poisson et ailées, sont gravées les inscriptions qui annoncent le motif et le but du monument. Au-dessus du premier socle, des ornemens d'un style héroïque servent à soutenir et à raccorder, avec le triangle, la forme ronde de l'olive, qui est l'objet principal de la composition, parce qu'il est à-la-fois l'emblême de la paix, et celui de la capitale de la Provence. La couronne murale qui sert d'anneau au vase est, par le même motif, formée de feuilles d'olivier. Le bas-relief, développé planche 6, s'explique de lui même : la ville de Marseille, sous la figure d'une belle femme, vêtue à l'antique, se fait précéder par un de ses enfans, qui présente à l'amiral anglais le gage de sa reconnaissance; elle est suivie du lion qui lui fut de tout tems consacré. Parmi les ornemens que réunit cette planche, on remarque des médailles, des attributs qui retracent l'origine et la magnificence de cette antique colonie des Phocéens.

Ce morceau est d'une très-belle exécution. Il était difficile de remplir les données du programme d'une manière plus neuve, et en même-temps plus noble et plus heureuse, et d'accompagner l'idée première d'accessoires d'un meilleur goût.

DEUXIÈME CAHIER.

PLANCHE 7.

Le N.º 1 de cette planche est une salière destinée à servir de bout de table. Le manche, comme on le peut voir, se termine en bas par un culot d'où naissent deux enroulemens qui servent à fortifier et à relier les deux gobelets, dont la forme est aussi simple que convenable. Le choix des ornemens de cette pièce est sage et ferme, et porte même un caractère grandiose qu'on ne trouve pas toujours dans ces sortes d'ouvrages.

Sous les N.ºˢ 2 et 3 sont deux bols dont le galbe simple et pur peut servir de modèle. Le dernier surtout, formé d'un demi-cercle parfait, nous paraît empreint de cette simplicité élégante dont on ne s'écarte que trop souvent.

Les vases N.ºˢ 4 et 5, d'une forme très-agréable, nous rappellent ces beaux vases antiques qui doivent servir éternellement de modèles à tout ce qui se fait dans ce genre. Comme la plupart des vases étrusques, qui étaient destinés, chez les anciens, à orner l'intérieur des appartemens, ceux-ci peuvent parer les salons les plus élégans.

PLANCHE 8.

Le N.º 1 présente un sucrier riche et d'une belle forme. Le quart de son plan, qu'on voit sous le N.º 2, indique comment 24 cuillers sont rangées autour de sa base. Le N.º 3 offre, de face, l'anse qu'on ne voit que de profil dans le géométral.

Le N.º 4 est un bougeoir d'une composition simple. Le manche, quoique plus élevé qu'il n'est d'usage, est bien à la main.

Les N.ºˢ 5 et 6 sont deux vases qui n'ont besoin d'aucune explication; ils offrent une nouvelle preuve qu'on peut obtenir beaucoup d'élégance avec des formes peu tourmentées.

PLANCHE 9.

La forme de la fontaine à thé gravée sous le N.º 1 est noble et élancée; ses anses, d'une élégance remarquable, sont bien attachées au col du vase et d'une force suffisante pour en soutenir le poids. Les détails sont du meilleur choix, et dis-

tribués avec une économie qui fait honneur au talent de l'artiste. Le robinet est adopté à l'un des mascarons des faces du vase.

Les flambeaux N.ºˢ 3 et 4 sont des flambeaux de service. Quoiqu'évidemment inspirés des candélabres antiques pour les détails, on leur a donné un galbe qui est bien en rapport avec ce qu'exige nos usages. Celui N.º 2, surtout, nous paraît avoir le grand avantage de ne pouvoir glisser dans la main lorsqu'on le porte.

PLANCHE 10.

N.º 1. Cet huillier, d'une riche composition, est destiné, comme la salière de la planche septième, à parer un bout de table. Son plan, rendu sous le N.º 2, était nécessaire pour faire comprendre que la figure ailée est adossée à une autre figure semblable, et qu'elles soutiennent ensemble les deux anneaux ou couronnes où se placent les bouchons des burettes. De ces figures sortent deux rinceaux, dont toutes les parties qui les composent se touchent par plusieurs points; chose essentielle à observer dans les ornemens découpés, pour les rendre plus solides. Les gobelets destinés à recevoir les burettes sont formés de thermes d'enfans et d'ornemens à jour qui entourent le cristal et le défendent sans le cacher. Le tout repose sur des griffes de lion bien ajustées.

Les N.ºˢ 3 et 4 représentent deux bougeoirs plus riches que celui gravé sur la planche huitième. L'un offre de l'originalité dans l'invention, mais les figures qui entourent la bobèche sont d'une trop petite proportion; l'autre, très-bien composé, est surtout remarquable par son manche, formé par un serpent qui porte sur la tête une espèce de tasse où se pose le pouce.

L'ornement détaché, N.º 5, n'a aucun rapport avec les autres objets de la planche.

PLANCHE 11

Sous le N.º 1. On reconnaît facilement une cafetière; sa forme, qui est celle consacrée par l'usage, est ici épurée dans ses contours et enrichie d'ornemens qui l'embellissent sans la déguiser. Comme la plupart des vases destinés à contenir des liqueurs bouillantes, son manche est en bois, les extrémités seules sont en métal.

Le N.° 2 est une Théière qui a quelque analogie avec celle de la planche neuvième. Celle-ci est plus riche d'ornemens; ses proportions sont peut être encore plus heureuses. On aperçoit sous la petite figure pastorale, exécutée en bas-relief, le trou où s'adapte le robinet.

Les N.ᵒˢ 3 et 4 présentent une veilleuse et son godet. Comme cela est de rigueur pour ces sortes de meubles qui, avant tout, doivent laisser la lumière se répandre, les palmettes et les grandes parties qui les avoisinent sont entièrement découpées à jour. Pour donner de la solidité à cet ornement délicat, il est rattaché, haut et bas, aux parties pleines du vase.

PLANCHE 12.

Le N.° 1 est une poignée d'épée rendue de la grandeur de l'exécution. Le beau choix des ornemens, tous militaires, et la manière adroite dont ils sont ajustés, forment un ensemble qui satisfait le goût et ce qu'exige la défense de la main. La garde est un bouclier d'où sortent deux lames qui forment fleurons de chaque côté. Elle est heureusement reliée avec la poigné et le fourreau. Celui-ci, N.° 2, dont on voit l'extrémité sous le N° 3, se divise en compartimens ornés de figures guerrières. La poignée est formée par un faisceau de dards entourés de lauriers. Le N.° 4 est une variété pour le bout du fourreau.

Les N.ᵒˢ 5 et 6 sont des manches de poignard et de couteau de chasse de la grandeur de l'exécution. Ils sont également bien ajustés.

Tous les sujets représentés sur les planches de ce second cahier, ont été gravés par M. Ch. Normand, d'après les dessins qu'il a exécutés pour différens orfèvres de la capitale.

TROISIÈME CAHIER.

Les six planches qui composent ce cahier sont toutes exécutées d'après les modèles-bronzes, des plus beaux morceaux d'orfévrerie sortis des ateliers de M. Odiot. Ces modèles, que le premier de nos orfévres a eu la noble idée d'offrir au gouvernement pour être déposés au Conservatoire des arts et métiers, seront des monumens durables qui attesteront aux générations futures le degré de perfection où nous avons porté l'art de l'orfévrerie. Pour nos fabricans de bronze et d'orfévrerie ils seront de véritables flambeaux qui les éclaireront dans la route du beau, du noble, du riche, du précieux, et du bon goût.

Le jury central de la dernière exposition des produits de l'industrie française, a déclaré que M. Odiot, qui a obtenu en 1806 la grande médaille d'or, et qui, depuis, a constamment été jugé digne du même encouragement, a conservé en 1819 sa supériorité sur ses confrères.

PLANCHE 13.

Les trépieds, très-multipliés chez les anciens qui les employaient à plusieurs usages civils et religieux, ne sont chez nous que des objets de décoration. Celui dont cette planche offre la représentation est certainement le plus beau meuble qu'on puisse placer dans le salon d'un prince. L'agrément de sa masse, le goût et la richesse de ses détails, le fini et la perfection de la ciselure en font un monument digne d'entrer en parallèle avec ceux que nous ont laissé les plus beaux siècles de l'art.

Sur un double socle, trois pattes de lion d'une belle forme, servent de base à des pilastres ornés d'arabesques dont les détails, plus en grands, se retrouvent sur la même feuille. Leurs chapitaux, détaillés dans la planche suivante, sont d'une composition gracieuse et neuve, ils supportent une cuvette sur laquelle on a disposé des figures volantes et des ornemens que l'on trouvera aussi développés sur la planche 14.ᵉ; le couvercle est surmonté d'une flamme figurée qui sert à l'enlever, et rappelle l'antique usage de ces meubles; au centre des trois tiges est une coupe supportée par un balustre accompagné d'enroulemens, et de consoles judicieusement placées pour en supporter le poids.

PLANCHE 14.

Le sceau à rafraîchir, dont cette planche offre la forme et les détails, est d'une manière large et ferme. L'anse qu'on voit de face sous le N.° 5, se compose de deux serpens qui sortent d'un double culot appuyé sur une tête de faune. Une belle frise de pampres règne autour de l'évasement; elle est enrichie de quatre fleurons dont on trouve le détail sous le N.° 4. Le corps de ce vase repose sur des espèces de sphinx ailés.

PLANCHE 15.

Voici une des pièces les plus importantes de celles qui sont sorties des ateliers de M. Odiot.

La richesse et l'élégance de ce vase, exécuté d'une grande dimension, lui assurent un rang distingué parmi les plus beaux ouvrages de l'industrie moderne. Destiné à l'embellissement d'un salon ou d'une galerie, et visiblement inspiré des beaux vases antiques, il se fait remarquer par la beauté de sa forme, des ornemens recherchés et du meilleur style, et par des figures qui se disputent de grâce et d'élégance. Les détails que nous avons eu soin de donner, des parties qui exigeaient d'être développées, nous dispensent d'entrer dans de plus amples explications.

Planche 16.

N.° 1. Le galbe de cette coupe est pur, son pied est d'une bonne disposition et richement orné ; mais ce qui fixe l'attention, c'est la gentillesse des anses figurées par deux enfans à ailes de papillon, qui semblent jouer avec la liqueur contenue dans le vase. Ils naissent d'une espèce de coquille. La frise qui les unit, composée de dauphins, de pampres, de raisins, etc., est détaillée sous le N.° 3. Le N.° 4 donne le développement de l'ornement qui décore la plinthe. Celle-ci est supportée par des griffes de lion d'un bon style.

Le vase N.° 2 a beaucoup d'analogie, pour la forme, avec le célèbre vase dit de Médicis. Mais la composition des bas-reliefs, des poignées, et les ornemens du pied suffisent pour lui donner un caractère d'originalité qui fait honneur à l'artiste qui l'a ajusté. Sous les N.ᵒˢ 5, 6, 7, sont gravés divers détails de ce vase.

Planche 17.

Les deux saucières gravées sur cette planche, quoique très-riches, ne sortent pas de la forme qu'on leur donne habituellement, et c'est, selon nous, un mérite dont il faut savoir gré à l'artiste, M. Cavallier, qui en a fourni les dessins. Lorsqu'une forme est consacrée par l'usage, et que cette forme ne peut être changée sans nuire à la commodité du meuble, il faut la respecter. Il y a plus de talent qu'on ne pense à épurer le galbe d'une forme simple et commune, à l'embellir par des ornemens de bon goût et analogues à la destination de l'objet qu'ils décorent.

Les figures qui forment les anses de ces deux saucières sont gracieuses et bien imaginées, celle du N.° 1 naît naturellemeut de la forme générale du vase. L'autre, à queue du poisson, est peut être moins heureuse, mais elle est convenablement attachée et commode pour l'usage.

Le N.° 3 est un petit coquetier dont le motif est aussi agréable que neuf.

Planche 18.

N.° 1. Cette salière se recommande par l'originalité de l'invention, la pose naturelle des figures, la sagesse qui a présidée au choix comme à la distribution des ornemens. La noble simplicité de cette jolie composition et sa parfaite exécution, font honneur à l'artiste qui en a fourni le dessin et à celui qui l'a exécuté.

Le N.° 3 est un moutardier formé d'une figure à genoux auprès d'un vase. La plinthe et les sphinx ailés qui supportent cette gracieuse composition sont des imitations, en petit, de la pièce précédente.

Le moutardier, N.° 4, est d'un genre comique : un singe placé près d'un baril à moutarde fait une étrange grimace après avoir goûté de ce qu'il contient. Cette composition, un peu grotesque, appliquée à un moutardier ne mérite pas le blâme ; dans toute autre circonstance elle serait bizarre.

QUATRIÈME CAHIER.

Planche 19.

N.° 1. Bol à déjeûner posé sur un plateau de forme ovale. Cette pièce capitale est d'un très-beau contour ; ses ornemens, bien disposés et d'une grande richesse, ont le mérite rare d'être neuf sans cesser d'être de bon goût. Ils sont une nouvelle preuve que les artistes s'abusent lorsqu'ils croient ne pouvoir rien trouver de mieux ni même de comparable aux motifs qu'ils ont pris en affection et qu'ils ne se lassent pas de reproduire. La nature est une mine féconde qu'ils n'exploitent point assez ; en la consultant d'avantage, ils étendroient les limites dans lesquelles ils se tournent continuellement. Le règne végétal, surtout, leur offrirait des motifs susceptibles de produire le plus grand effet, et qui, en les affranchissant de la routine qui les maîtrise, donneraient à leurs productions ce caractère d'originalité qui leur manque trop souvent.

L'anse du même bol, gravé de face sous le N.° 2, est formée d'un anneau qui joue dans le col d'un signe, replié avec beaucoup de grace.

Le N.° 3 est un sucrier d'une jolie forme. Les ornemens qui le décorent sont peu multipliés, mais appliqués avec goût. La figure d'enfant qui le couronne est charmante ; ainsi que les anses dont le motif est répété et dessiné de face sous le N.° 4.

Planche 20.

N.º 1. La composition de cette casserole montée est originale et d'un effet pittoresque. L'ajustement des têtes et des ailes d'oies qui servent de support au réchaud, les ornemens qui entourent le vase posé sur ce réchaud, et le nid d'oiseaux dont est formé le pommeau de son couvercle sont autant d'accessoires qui rappellent parfaitement la destination du meuble qu'ils décorent.

La salière, N.º 2, se recommande par un motif heureux et original. Comme le sel qui lui donne son nom se tire de la mer, l'artiste a tiré ses ornemens du même élément. Deux belles coquilles, portées par deux poissons, tiennent lieu des vases qui doivent contenir le sel et le poivre. Une espèce de rame, richement ornée et autour de laquelle s'enroulent des quetes de poisson, sert de manche à ce meuble, aussi agréable de forme que neuf de composition. Le N.º 3 offre le revers de la rame. La beauté de l'exécution de cette jolie pièce répond au mérite de son invention.

Le N.º 4 donne le trait en petit d'un pot à l'eau, que l'exiguité de l'espace n'a pas permis de développer davantage. Il est d'une bonne forme; la tête placée sous le goulot, pour le garantir, est bien ajustée et d'un bon style.

Planche 21.

S'il est un cas où l'art doit déployer toutes ses richesses, c'est assurément dans la composition et l'exécution d'un ostensoir, qui, destiné à attirer et fixer la vue, ne peut être trop orné, ni briller de trop d'éclat. Celui dont cette planche offre le trait remplit toutes ces conditions. Il se compose d'un autel quadrangulaire sur les faces duquel sont représentés les quatre évangélistes; aux angles supérieurs sont des chérubins. Sur l'autel repose l'agneau du sacrifice; au-dessus, une figure toute idéale : un ange s'élève en l'air à l'aide de ses ailes, il ne touche au reste que par une draperie volante, qui suffit pour lier entre elles les différentes parties de la composition. Cette idée noble et belle est rendue avec une rare perfection.

Le bénitier à main, N.º 2, et l'aiguière, N.º 3, sont d'une bonne forme et ornés avec goût : l'anse de l'aiguière a beaucoup de grâce et de légèreté.

Planche 22.

La base de cet ostensoir est un tombeau, dont les quatre faces sont ornées de bas-reliefs représentant diverses actions de la vie de Jésus-Christ; des pieds de lion, ajustés avec magnificence et réunis par une guirlande, lui servent de soutien; au sommet sont les animaux consacrés aux quatre évangélistes. Entre eux s'élève un vase, dont le pied est entouré de pampres; sur le corps du vase est figuré l'agneau pascal; les anses sont formés par deux figures d'anges, dont les ailes déployées vont se rattacher au col du vase; enfin, de ce vase s'évapore une épaisse fumée, qui, en s'élevant, forme un nuage, peuplé de chérubins adorant la figure du Christ. On peut voir sur notre planche comment toutes ces parties sont liées entre elles, et apprécier la beauté de leurs proportions respectives. Cet ostensoir, dont sa Majesté a gratifié la ville de Trieste, fait autant d'honneur à M. Lafitte, qui en a fourni les dessins, qu'à M. Cahier, qui l'a exécuté avec une précision et une pureté dignes de louanges.

Planche 23.

Cette soupière, l'une des plus grandes et des plus riches qu'on ait exécuté, n'est pas tellement surchargée d'ornemens, qu'on ne puisse y trouver ces repos nécessaires, pour laisser briller les parties ouvragées. Ses ornemens sont d'un style sévère et bien assortis au sujet. Si l'on retrouve, dans plusieurs frises antiques, des détails semblables à ceux qui ornent le plateau, l'ajustement des têtes de béliers, qui surmontent des pieds de bœufs, est absolument neuf. L'anse, dont le parti est aussi original que commode, est bien approprié au sujet; une frise, formée d'épis de bled qui sortent d'une espèce de poste, enrichit le col du vase; le sommet de son couvercle est occupé par le groupe de Cérès mangeant, en présence du jeune Stellio qui la raille, le potage que la vieille femme lui a préparé. Il est impossible de réunir, sur un même sujet, plus de richesse, de variété, de nouveauté dans le choix des ornemens, et de mettre plus de goût, de jugement et de sagesse dans leur distribution. Le N° 2 donne l'anse vu de face, ainsi que le profil de la soupière, dégagé de ses ornemens. La pureté du galbe de ce dernier est digne de remarque.

Une pincette à asperges, présentée sous deux aspects, est gravée sous les Nºˢ. 3 et 4. Elle a beaucoup de ressemblance, pour la masse, mais non pour les ornemens, avec celle que l'on a vu dans le premier cahier.

Planche 24.

Le Nº. 1 est une casserole montée, dont le galbe pur est enrichi d'ornemens d'un style un peu sévère pour la circonstance. Elle est bien assise, sur des thermes de lion ailés. Ses anses, très-commodes, sont une heureuse réminiscence des vases étrusques. La figure qui embrasse une gerbe, et qui sert de pommeau au couvercle, est de bon goût. Le motif de la frise est reproduit sur une plus grande échelle, sous le N°. 2.

La soupière, N°. 3, est d'une simplicité précieuse. Le profil en est bon; l'anse, s'il n'est pas d'un bon choix, est, du moins, bien ajusté. Il est formé par deux dragons à crête menaçante, qui se recourbent pour piquer une tête de cheval.

La poignée du couvercle est remarquable par sa forme simple et ferme. Le plateau qui paraît ici un peu grêle, ne produit pas le même effet à l'exécution.

Tous les modèles gravés dans ce cahier sont sortis des ateliers de M. Cahier, orfévre du Roi, dont nous avons eu occasion, dans le premier cahier, d'apprécier les rares talens.

CINQUIÈME CAHIER.

Planche 25.

Sous le N°. 1, est un vase d'apparat inspiré de l'antique. Son profil, ses ornemens, ses anses, sont purs et de bon choix.

Les N°s 2 et 5 présentent deux calices absolulument conformes, quant à la forme et à la proportion, à ceux que l'usage a consacrés. Les deux gobelets ne diffèrent guère entre eux que par la manière dont ils sont ornés. Tous deux sont entourés de pampres et de raisins, emblêmes chrétiens. Leurs supports ou balustres, variés de formes, sont ornés, l'un de feuilles d'acanthe et d'épis de blé, l'autre, de pampres, de palmettes et du monogramme du Christ.

Planche 26.

Le ciboire N° 1 est d'une décoration aussi riche que convenable. Sa coupe est ornée de têtes de chérubins d'un relief saillant, et ses autres détails sont largement traités, ainsi que cela est de rigueur pour les objets qui, comme celui-ci, sont destinés à être vus de loin.

L'encensoir gravé sous le N°. 2 est également d'un style large et simple, qui lui donne un caractère sévère. Ce mérite est un de ceux qu'on doit le plus rechercher lorsqu'on exécute des meubles d'église : tout en eux doit être en harmonie avec l'austérité de leur destination.

Les N°s 3 et 4 sont des lampes d'église, destinées à être suspensues par des chaînes. Celle gravée sous le N.° 3 se recommande par un style large et ferme; elle a été exécutée d'une grande dimension.

Planche 27.

Nous avons déjà vu deux ostensoirs. Celui gravé sur cette planche, se fait remarquer par la sévérité de son style et l'heureux rapport de ses différentes parties entre elles. La figure d'ange qui porte sur sa tête, à la manière des canephores, un panier rempli de fruits et d'épis de blé, est du plus grand caractère. L'ajustement de la gloire placée au-dessus de sa tête, la manière ingénieuse avec laquelle l'artiste a consolidé tous les membres de la composition, lui fait beaucoup d'honneur. L'autel qui sert de base à la figure ailée paraît un peu grêle.

Les deux flambeaux gravés sur la même planche sont de l'espèce de ceux que portent les enfans de chœur dans les processions. Celui N° 2 nous paraît mieux approprié à son usage. L'autre ne peut être tenu aussi facilement à la main.

Planche 28.

L'ostensoir gravé sur cette planche. pour être plus simple que ceux que nous avons déjà décrits, n'en est pas moins digne d'éloge pour sa belle disposition. Son pied, bien empâté et bien en rapport avec la masse qu'il doit soutenir, est surmonté d'un calice d'où s'élève un nuage au milieu duquel se voit la sainte hostie. Elle est, selon l'usage, entourée de chérubins et de rayons lumineux. Au-dessous de cet ostensoir, et sous les N°s 2, 3 et 4 sont des variétés de supports qu'on pourrait substituer à ceux sur lesquels il repose.

Les N°s 5 et 6 offrent des burettes de forme différente. Leurs détails sont de bon goût. La simplicité et l'élégance de celle N°. 6 nous paraît préférable à la recherche un peu affectée de celle qui lui est opposée.

Sous les N°s 7 et 8, sont deux patènes d'une simplicité exemplaire. Leurs ornemens sont doux et analogues au sujet.

Planche 29.

Le N°. 1 de cette planche est un de ces grands chandeliers d'église destinés à rester en place. Sur un autel triangulaire, orné de figures d'apôtres, s'élève la tige qui doit recevoir le cierge. Elle est montée sur un large culot de feuilles d'acanthe; au sommet, pour tenir lieu de bobèche, est un vase richement orné. La belle masse de ce chandelier est relevée par des ornemens distribués avec économie et parfaitement rendus.

Le N°. 2 offre une croix de procession. Les branches, ornées de palmettes à leurs extrémités, sont fortifiées, à l'endroit de leur jonction, par des têtes de chérubins. La principale est enclavée dans un chapiteau au-dessous duquel sont divers ornemens purs et bien profilés.

L'autre croix, N°. 3, est de même dimension que la précédente. Elle se recommande par sa simplicité, l'heureuse distribution de ses ornemens et la pureté de ses profils.

Planche 3o.

Le chandelier colossal qu'offre le N°. 1 de cette planche, est orné d'une manière encore plus large que le précédent. Les griffes de lion sur lesquels il est monté, les têtes d'anges du soubassement et les rinceaux qui le décorent, sont du plus grand caractère. La tige du chandelier est d'un bon galbe et d'une proportion majestueuse. Elle est bien terminée par le haut : en un mot, cette pièce est aussi recommandable par la sagesse de sa composition que par le caractère et la fermeté de ses détails.

N°s. 2 et 3. Les sceptres, dans les temps les plus reculés, se mettaient aux mains des chefs et des pasteurs des peuples, comme une marque de leur pouvoir et de leur fonction. Les crosses que portent nos évêques doivent leur origine à cet usage antique. Dans les premiers temps de la chrétienté, la crosse des évêques était quelquefois double ; mais depuis long-temps elles ont repris leur simplicité première, et leur forme est tellement consacrée, aujourd'hui, que tout le talent de l'artiste se borne à l'enrichir par quelques ornemens. Ce cadre, si étroit qu'il soit, s'agrandit néanmoins sous la main du génie, et les deux modèles que nous avons sous les yeux, ainsi que celui de la planche 33e, prouvent évidemment que la forme la plus simple peut devenir riche sans perdre de sa sévérité.

Tous les objets contenus dans ce cahier sont, comme ceux des planches 7 à 12, gravés par M. Ch. Normand, d'après ses propres compositions. Cet artiste, à la fois architecte, graveur dessinateur de figures et d'ornemens, et auteur de plusieurs ouvrages estimés, est un de ceux auxquels nos fabricans de bronzes, d'orfévreries, de meubles ; nos sculpteurs décorateurs, nos fondeurs de vignettes, nos graveurs en bois, etc., etc., ont le plus d'obligation. Tous lui doivent une quantité innombrable de dessins aussi recommandables par la variété de l'invention, que par la pureté du style et la sagesse de la composition.

SIXIÈME CAHIER.

Planche 3i.

Le N°. 1 est un beau candelabre, consacré à Diane, exécuté chez M. Cahier, orfèvre du Roi. Trois têtes de cerf, qui semblent sortir d'un dez, posent sur un plateau triangulaire, et servent à maintenir le fût du candelabre, qui s'élève au milieu, sous une forme noble, riche et gracieuse. Il se termine par un chapiteau dont nous donnons le détail à côté. Au-dessus est une boule qui porte une figure de Diane ou de la Nuit. Au-dessous du chapiteau, trois enroulemens bien ajustés, avec des aigles et des palmettes, donnent naissance à des figures ailées qui portent sur leur tête des bobèches. Les bouts de leurs ailes sont reliés, pour plus de solidité, par une feuille courante. Le dessin, en grand, de la bobèche est reproduit à côté.

Le N°. 2 est une tasse à glace d'une forme originale. La branche de pin, arbre du nord, dont elle est ornée, est convenable au sujet.

Le moutardier, N°. 3, est simple et de bon goût. Son trait forme un cercle presque parfait. L'anse est bien ajusté. Ces deux dernières pièces ont été exécutées par M. Legay, orfèvre distingué, dont nous aurons occasion de louer les productions, dans les planches qui vont suivre.

Planche 3a.

Les N°s 1 et 2 sont deux tasses à déjeûner d'une belle forme et peu chargée d'ornemens. On remarque avec plaisir l'ajustement des anses de la seconde, qui sont formés de couronnes de fleurs attachées à des cornes de chèvres.

Les deux petites fioles suivantes, N°s 3 et 4, quoiqu'inspirées et même copiées de l'antique, n'en remplissent pas moins bien l'objet de leur destination.

Le N°. 5 est une corbeille à mettre du pain ; elle est de forme ovale. Les épis de blé, découpés à jour, qui en forment la principale décoration, sont aussi convenables à la construction légère de ce meuble qu'à l'objet auquel il est destiné. Ses anses, bien dessinés et ornés avec goût, sont d'une forme commode pour le service.

Planche 33.

Cette belle crosse peut servir de modèle par la manière dont les ornemens y sont employés. Ici l'art a triomphé de la forme ingrate qu'il fallait embellir, et toutes les parties sont enrichies de sujets variés qui naissent naturellement les uns des autres, et forment un ensemble parfait. La volute, qui était la partie la plus difficile à ajuster, est adroitement terminée par une figure à genou devant un prie-dieu. De très-beaux ornemens l'entourent à sa base, et elle est attachée au fût par des moulures bien profilées. La tête de ce même fût est décorée d'une espèce de châsse, dans le style gothique, où sont rangés les douze apôtres, ce qui donne à ce meuble le caractère religieux qui lui convient. Les proportions de tous ces membres et leurs différens diamètres, dont on jugera par notre gravure, les font ressortir les uns des autres, et laissent briller les parties principales. On voit autour de cette crosse, qui a été exécutée par M. Cahier, avec une perfection rare, diverses variantes qui ont été employées, pour varier le modèle original, lorsqu'on a eu occasion de le reproduire.

P L A N C H E 34.

Cette planche est remplie par les deux faces et les détails d'une petite arche à renfermer des reliques, exécutée par M. Legay et destinée pour le chapitre de Notre-Dame de Paris. Le couvercle, qui est inspiré de plusieurs sarcophages du Bas-Empire, est décoré d'écailles et de compartimens. Il porte des têtes d'anges et l'agneau pascal embrassant une croix. Sur les panneaux des quatre faces sont représentés les instrumens de la passion ; des rosettes, des épis de blé, ornent les champs de ces panneaux. Cette petite arche, exécutée en vermeil, est du fini le plus précieux.

P L A N C H E 35.

Cette fontaine à thé, quoique d'une grandeur médiocre, est d'une capacité favorable au service. On lui a donné la figure d'un tonneau, mais cette forme commune est relevée par des ornemens d'un bon goût. Les anses, formées par deux têtes de faunes, sont commodément placés pour enlever la fontaine de dessus l'espèce de réchaud sur lequel elle est posée. Ce réchaud est formé d'une grille à jour imitant des écailles ; des figures de chimères sont rangées au tour pour soutenir le poids du vase. La partie du milieu de cette fontaine est ornée, de chaque côté, de la figure de la nymphe de l'Océan, dont le relief est pur et peu saillant.

Le bas de cette planche est occupé par une grille à jour, qui est l'extrémité d'un de ces grands plateaux sur lesquels se placent un service complet. Ce morceau est d'un style sage et ferme.

P P A N C H E 36.

N°. 1. Cette théière, d'une forme habituelle, se compose d'un vase auquel on a ajouté un anse et un bec. Sa forme est simple et convenable. Les ornemens, employés avec économie, sont des palmettes, des feuilles d'eau et de simples canaux. Le pied en est bien profilé.

Le N°. 2 est un sucrier faisant partie du même service. Le contour en est élégant, et les anses, ornés d'une tête d'un beau caractère, sont bien attachés au corps du vase.

<h2 style="text-align:center">SEPTIÈME CAHIER.</h2>

P L A N C H E 37.

Le même objet, lorsque ses données sont aussi simples que celles d'un huilier, d'une salière, ne peut se varier à l'infini. L'artiste qui voudrait, à tout prix, trouver des motifs neufs, tomberait nécessairement dans le bizarre. Nous avons réuni dans ce recueil plusieurs huiliers et plusieurs salières, meubles qui ont entr'eux une espèce de ressemblance ; cependant tous sont originaux, de bon goût, et ne s'écartent pas des données prescrites par leur usage, et nous ne doutons pas qu'un artiste intelligent ne trouve encore d'autres motifs heureux. L'huilier gravé sur cette planche, semblable pour la masse avec celui de la planche 10ᵉ, en diffère essentiellement par sa décoration. Si les deux gobelets à jour qui doivent recevoir les burettes ont, l'un avec l'autre quelque analogie, leur décoration n'est pas la même : ici les enroulemens qui accompagnent la tige et la rattachent au plateau, ne sont nullement semblables.

Ainsi que le plan N°. 2 le fait voir, des anneaux attachés aux deux faces du piédestal du milieu, servent à placer les bouchons des burettes au moment du service. La tige de cet huilier est d'une bonne proportion. L'anneau qui la termine est gravé sous le N°. 2.

Le N°. 3 est une tasse d'un contour simple et correct. L'anse, formé par un serpent, est ingénicusement ajusté. Le culot est orné de feuilles d'acanthe, et une branche de lierre tourne autour de la partie évasée.

Le N°. 4 est une timbale canelée, décorée d'ornemens aussi simples que son contour.

P L A N C H E 38.

Le petit flambeau gravé N°. 1 est un de ceux qu'on place ordinairement sur les bureaux, et dont la forme est moins svelte que ceux destinés à la table ou au boudoir, parce qu'ils ont besoin d'un aplomb mieux assuré, et ne se transportent pas fréquemment comme les autres. Le modèle que nous donnons ici de cette espèce de flambeaux remplit bien les conditions exigées.

La cafetière N°. 2 est d'une forme depuis long-temps en usage et en quelque sorte consacrée. Le dessinateur l'a seulement épurée dans ses contours et enrichie de quelques ornemens qui ne nuisent point à sa simplicité première.

Sous les N°ˢ. 3 et 4, est un sucrier avec le quart de son plan. Il diffère essentiellement de ceux qui précèdent. Les cuillers, au lieu de se ranger autour de sa base, comme à celui de la planche 8ᵉ., se placent six de chaque côté, à la hauteur de la naissance des palmettes, sur un support indiqué par B sur le plan, et de manière à laisser ressortir les anses. Un autre support A les retient vers le haut. Cette manière de ranger les cuilliers est très-commode, mais elle a le désagrément de masquer, pour un instant il est vrai, le contour du vase. La disposition du sucrier de la planche 8 n'a point cet inconvénient. Le galbe et les ornemens de celui-ci sont beaux. Les anses se développent heureusement, mais ils paraissent un peu grêles.

Planche 39.

La grande soupière que présente cette planche est aussi belle de forme que de détails. On n'a rien négligé pour embellir cette pièce, qui est l'une des principales du service. Les profils, tant du pied que de la coupe et du couvercle, sont grands et faciles. La baguette, placée à la naissance des anses, arrête heureusement le contour du vase ; la belle frise qui règne au-dessus est d'un style large et d'une grande ordonnance. Le bouton du couvercle, formé d'une pomme de piu, est soutenu par quatre consoles renversées; et les anses, contournés d'une manière facile et originale, se terminent chacune par deux cornes d'abondance, d'où sort naturellement le rinceau qui les unit. En général, la masse et les détails de ce morceau capital sont dignes de louanges et peuvent être assimilés aux beaux fragmens qui nous restent de l'antiquité.

On a placé au bas, sous les N°ˢ 2 et 3, les ornemens de deux cuillers qui participent du même style, et appartiennent au même service.

Planche 40.

Parmi les objets réunis sur cette planche, on voit un pot à eau, N°, 1, et son bassin, N°ˢ. 4 et 5. Ces sortes de vases, d'un usage très-commun, sont assujétis à une forme usitée, dont on ne peut et dont on ne doit guère s'écarter. Néanmoins, sous le crayon de l'artiste, ils reçoivent un meilleur

galbe, et s'enrichissent d'ornemens qui, par leur choix, leur distribution et le mérite du rendu, leur donnent un aspect de nouveauté. Tout ce que présente cette planche est dans ce cas. Le pot à eau, renfermé dans la forme prescrite, se distingue par la pureté de son contour et par la jolie figure de son anse. Une frise en fleurons, qui règne autour du ventre de ce vase, est adroitement rappelée sur le bassin. Cette attention, qu'on n'a pas assez souvent, établit le rapport qui doit exister entre ces deux parties d'un même meuble.

La saucière du N°. 2 a aussi la forme usitée. La figure que porte l'anse est d'un bon sentiment ; mais le pied manque de légèreté.

La salière en forme de coquille, N°. 3, est originale et très-bien ajustée.

Le plateau à bouteille, N°. 6, est entouré d'un ornement à jour composé de palmettes et de fleurons. Cet ornement nous paraît un peu trop empâté pour un objet de petite proportion.

Planche 41.

La salière N°. 1, moins riche que celles que nous avons déjà décrites, est d'une disposition très-heureuse. Le poivre et le sel sont contenues dans deux vasques revêtues d'un large ornement en forme de palmettes. Un piédestal, simplement orné et placé entre les deux vasques, porte la branche qui sert à transporter le meuble : le tout repose sur un plateau ovale soutenu par quatre pieds d'une forme simple et convenable. Les autres objets de cette planche sont : N.° 2, un bol d'un bon trait; N.° 3, un moutardier dont les ornemens à jour laissent voir le godet de verre placé à l'intérieur; N.° 4, deux coquetiers évasés vers le haut et ornés avec goût.

Planche 42.

Les girandolles s'exécutent moins souvent en orfévrerie qu'en bronze doré; ces meubles, susceptibles d'une très-belle forme et d'une grande richesse, sont ceux dont les données moins limitées, offrent le plus de ressource aux artistes ingénieux.

Le modèle gravé ici est dans la forme la plus usitée de nos jours. Sur un flambeau, terminé par un vase et dont on offre ici deux modèles, s'élève une tige à laquelle s'attachent des cornes d'abondance portant des bobèches ; ces cornes d'abondance sont ; à volonté, au nombre de deux, de trois ou de quatre; elles s'assujétissent à leur support par des enroulemens terminés par une tête dans le style antique. Le bout de la tige, qu'on n'aperçoit qu'à moitié sur notre gravure, porte une bobèche semblable à celles qui garnissent les autres branches de la girandolle.

Les N.ᵒˢ 3 et 4 donnent les dessins de gobelets à liqueurs d'une forme connue et grands comme l'exécution.

Toutes les planches de ce cahier sont encore dus au crayon et au burin de M. Normand. La variété et le bon style des objets qu'il renferme sont une nouvelle preuve de son goût et de sa fécondité.

HUITIÈME CAHIER.

PLANCHE 43.

Le N.ᵒ 1 est une fontaine exécutée au temps de la renaissance des arts. Elle se compose de trois vasques, l'une sur l'autre, séparées par des ajustemens de poissons et de coquilles, et surmontées d'un torse de figure ailée. Cet ensemble est posé sur quatre roues qui facilitent son transport d'un endroit à un autre de la table.

L'usage de ces fontaines, qui répandaient ordinairement des eaux de senteur, s'est perdu comme beaucoup d'autres dont nos pères faisaient leurs délices; il est un de ceux qu'on pourrait renouveller. Une semblable fontaine ajouterait, par sa forme pittoresque et le bon goût de ses détails, au luxe de nos services magnifiques.

Le N.ᵒ 2 représente un autre ouvrage du même temps; c'est un des deux vases, presque semblables, qui décorent présentement la salle de Henri II, au Louvre, et que l'on attribue à Benvenuto Cellini, célèbre sculpteur florentin du XVI.ᵉ siècle, artiste qui joignait à plusieurs autres genres de mérite, celui d'être un des plus fameux fondeurs de son temps. On voit de lui, dans la même salle, au-dessus de la tribune dite de Jean Goujon, un grand bas-relief en bronze, qui atteste son talent comme sculpteur et comme fondeur.

Les deux vases qu'on lui attribue sont d'un profil très-fin; leur forme générale est pure; les ornemens qui les enrichissent sont ciselés d'une manière très-spirituelle; mais ils sont trop multipliés. Ce défaut est commun à toutes les productions du siècle.

Le détail de la frise, qui tourne autour du pied de celui que nous donnons, est gravé au-dessous.

PLANCHE 44.

L'antique usage de brûler des parfums dans l'intérieur des appartemens, pour en renouveller ou en purifier l'air, s'étant introduit chez nous, l'art s'empressa de satisfaire à ce nouveau besoin, et construisit, sur des modèles antiques, des cassolettes et d'élégans trépieds. Les deux meubles qu'on voit ici sous les N.ᵒˢ 1 et 4, sont de ce genre : l'un est une cassolette à poser sur la table; l'autre est un trépied fait pour être placé dans un salon. Ce dernier est d'une forme antique; il est décoré, avec goût, d'ornemens et de figures qui en soutiennent le bassin.

Le N.ᵒ 2 est une corbeille à dessert, sa forme est agréable et commode.

Le N.ᵒ 3 est un sucrier très-original et de bon goût, placé sur un plateau.

Le vase marqué 5, est un sceau à rafraîchir, posé sur des chimères; son anse joue dans les cornes des deux têtes de faunes placées aux extrémités.

Le N.ᵒ 6 représente un joli vase, dont la forme svelte et élégante est décorée au milieu d'une figure de danseuse. Des cornes lui servent d'anses.

PLANCHE 45.

La fontaine gravée sous le N.ᵒ 1, est d'un parti à peu près semblable à celui que présente la fontaine gravée pl. 35, et qui est sortie du même atelier. Celle-ci est d'une forme plus originale; elle est surtout remarquable par le choix de ses ornemens qui sont tous analogues à sa destination.

Les N.ᵒˢ 2 et 3 sont deux coupes d'un trait pur et agréable; elles sont ajustées avec goût sur des pieds d'un bon choix. Le reste de la planche est rempli par quatre petits ustensiles exécutés également chez M. Legay, et qui sont assez nettement rendus pour se passer d'explication.

Le N.ᵒ 4 est une cuiller à moutarde; le N.ᵒ 5, un couteau à découper; le N.ᵒ 6, une cuiller à punch; le N.ᵒ 7, une pincette à sucre.

PLANCHE 46.

Les N.ᵒˢ 1 et 2 de cette planche sont deux bols à punch supportés, l'un, par trois serpens ingénieusement ajustés; l'autre, par trois chimères d'un style fin et sévère. Ces deux bols, peu chargés d'ornemens, sont d'une bonne forme; ils reposent, selon l'usage, sur des soucoupes indiquées ici en arrachement, pour en mieux faire sentir et la forme et l'ornement qui les décorent intérieurement.

Le N.ᵒ 3 est une truelle à thé, dont le manche est terminé par une tête de serpent.

Le vase N.ᵒ 4, se recommande autant par la beauté de sa forme et de ses ornemens, que par le gracieux ajustement de ses anses.

Sous le N.ᵒ 5 est un vase à dessert entièrement dans la forme des rhytons, ou cornets à boire, dont se servaient les anciens; il est posé sur un pied pour le service de nos tables.

N.º 6. La forme de ce vase indique son usage sans qu'il soit besoin de le nommer ; c'est le plus bel éloge qu'on en puisse faire. Les pampres qui décorent sa partie supérieure, et qui servent de séparation aux verres, sont bien à leur place ; l'ornement du bas est fin et d'une exécution précieuse. La forme générale est celle usitée.

PLANCHE 47.

N.º 1. Cet huilier, d'une forme simple et élégante, est d'un joli sentiment. Les deux corbeilles à jour, destinées à recevoir les burettes, sont bien ajustées sur les deux cignes ailés et à queue de poisson qui reposent sur le plateau. La tige, simple et bien attachée, est surmonté d'une figure thermale, dont les ailes soutiennent un anneau destiné à recevoir alternativement le bouchon de la burette dont on se sert.

Sous les N.ᵒˢ 2 et 3, sont deux vases d'une forme nouvelle et agréable. A la tête de bélier, dont le bec de l'un est orné, on devine qu'il est destiné à contenir du lait.

Le N.º 4 est un vase imité de l'antique.

La veilleuse, N.º 5, est en cristal, mais ornée, vers le haut, d'une petite frise en argent au-dessus de laquelle est une tête de Diane à la quelle est une attache pour suspendre le godet ; des chimères ailés lui servent de pied.

Sous les N.ᵒˢ 6 et 7, sont deux de ces écriteaux qu'on pend aux bouteilles à liqueurs pour indiquer leur contenu ; ils sont composés avec goût et remplissent parfaitement leur but.

PLANCHE 48.

Nous avons déjà vu des flambeaux portant des girandolles. Le N.º 1 de cette planche est une girandolle proprement dite, quoique les branches puissent se démonter. La tige, dont le haut porte une bobèche, est susceptible de recevoir quatre branches à-la-fois. On l'a tenue assez pesante pour pouvoir résister à la bascule des parties qu'elle supporte. Ses ornemens ne manquent pas de style.

Les N.ᵒˢ 2 et 3 nous offrent une poignée d'épée et un manche de poignard d'un grand caractère. Ils viennent d'une armure faite pour l'un des Médicis.

Les N.ᵒˢ 4 et 5 nous offrent encore deux vases d'une jolie forme et d'un bon goût d'ornement. L'usage de ces meubles est si fréquent, et leur forme est susceptible d'une si grande variété, que nous avons cru devoir en multiplier les exemples dans ce recueil. Tous ceux qu'il contient, sont différens de forme et de caractère. La sévérité de leur choix, ne peut que plaire et propager le goût du beau parmi les fabricans.

NEUVIÈME CAHIER.

PLANCHE 49.

Cette poignée d'épée, qu'on dit avoir appartenue à Charles-Quint, est damasquinée en or, et ne diffère guère de nos épées modernes que par sa grande proportion. La hauteur de la poignée est de 7 pouces 6 lignes. Elle est enrichie de médaillons sur lesquels sont ciselés des figures et des trophées d'armes. Le pommeau et la garde sont ornés de têtes de nègres qui ont au col un carcan avec des chaînes. La lame offre des deux côtés des traits d'ornemens gravés, et des portraits d'empereurs avec une inscription en lettres allemandes, qu'on peut lire sur notre planche, et que nous croyons pouvoir traduire ainsi : *Ne craignez rien, on ne doit rien craindre en combattant pour la patrie.* Les médaillons, d'un très-bon style, représentent Jupiter, Junon, Mars, Hercule, Minerve, un fleuve, etc. Nous les avons tous gravés de la grandeur de l'exécution, et nous avons eu soin d'indiquer, par des lettres de renvoi, la place respective de chacun d'eux.

Si cette épée a été faite pour Charles-Quint, les têtes de nègres pourraient faire penser que ce fut lors de son expédition en Afrique. Cette pièce intéressante, par son antiquité et par la beauté extraordinaire de son exécution, appartient à M. Daval, marchand de curiosité à Paris.

PLANCHES 50 ET 51.

Ces deux planches contiennent une aiguière et son plateau exécutés au XVI.ᵉ siècle.

Le plateau à 18 pouces de diamètre, le profil en est beau et la distribution des ornemens bien entendus. Il est orné dans son pourtour de huit sujets en bas-relief, d'une ligne dans leur plus grande saillie, représentant les quatre parties du Monde, et quatre des plus grands capitaines de l'antiquité ; ces sujets sont séparés les uns des autres par huit arabesques variés, et qui se correspondent symétriquement deux à deux. Le sujet du milieu représente Mars ; il est entouré de quatre bas-reliefs : la Paix, la Guerre, l'Abondance et le Repos. Le travail de ce plateau est précieux, le dessin des figures ne manque ni de correction ni de style, la composition est riche et les arabesques sont pleins d'esprit. On pourrait néanmoins reprocher à ces derniers quelques détails un peu bizarres, et de ressembler, dans certaines parties, à des bandes de cuir découpé. Ces légers défauts tiennent au siècle où il a été exécuté.

Comme notre planche ne représente que la moitié de ce plateau, pour qu'on en puisse apprécier l'ensemble, nous avons réuni sur ses marges et autour de l'aiguière gravé sur la planche suivante, les bas-reliefs qui ornent le côté que nous ne donnons pas. Quant aux ornemens, ils sont absolument semblables à ceux qui leur correspondent.

L'aiguière a 12 pouces dans sa plus grande hauteur; elle est également ornée de sujets et d'arabesques d'un relief peu saillant, la forme générale en est bonne et le galbe pur et décidé. L'anse et le bec sont d'une forme gracieuse et élégante. Le sujet du bas-relief qui règne tout au tour est l'histoire de Suzanne et des vieillards. Les arabesques, d'un meilleur goût que ceux du plateau, offrent des motifs agréables et bien disposés.

Ces vases ne servaient que dans les occasions solemnelles; le reste du temps ils paraient de riches buffets dont ils étaient le plus bel ornement.

La richesse et le goût de ces deux ouvrages ne permettent pas de douter qu'ils ne soient sortis de mains très-habiles, et l'on peut les attribuer à l'un de ces artistes de la renaissance de l'art qui étaient à-la-fois peintres, sculpteurs, architectes et orfèvres, et qui réunissaient à la sévérité du style, à la science du dessin, un goût pur et une imagination riche et féconde.

Ces deux pièces capitales sont tirées, comme la précédente, du cabinet de M. Daval à Paris.

PLANCHE 52.

Nous offrons encore dans cette planche le plan et le profil d'un plat exécuté au temps de François I.er. Sa décoration se compose pareillement de sujets allégoriques séparés par des arabesques. Au milieu est la tempérance, autour sont les quatre élémens; le pourtour est orné de huit sujets : Minerve, l'Astronomie, l'Architecture, la Musique, etc. Les arabesques, moins riches de composition que ceux du plateau que nous avons déjà décrit, offrent cependant des arrangemens agréables et ingénieux. Nos observations critiques sur les premiers peuvent s'appliquer à ceux-ci avec autant de justesse.

Le dessin de ce plateau a été exécuté d'après une empreinte en plâtre que M. Lenoir, ancien administrateur du Musée des Petits-Augustins, a prise sur l'original, et qu'il conserve dans sa collection particulière de monumens français des différens âges.

PLANCHE 53.

Le N.º 1 représente un vase à anse et à goulot, sorti de la fabrique de M. Legay. La forme en est bonne et la composition agréable. A droite et à gauche, sous les N.ºs 2 et 3, sont les ornemens de deux assiettes.

Le N.º 4 représente une écritoire dessinée à moitié de l'exécution, et dont le plan, N.º 5, fait connaître la disposition. L'encrier et la poudrière sont en forme de vase. Ils sont enfermés dans une petite balustrade, le long de laquelle on a placé six pattes de lion creusées de manière à pouvoir recevoir les plumes. Le milieu de l'écritoire, est divisé en deux parties égales : l'une est occupée par le buste d'Epicure, qui sert de poignée pour transporter le meuble; l'autre, qui est en avant et fermée par une porte à jour, sert à placer les pains à cacheter.

A côté, sous le N.º 6, est une hache à sucre montée en argent.

PLANCHE 54.

Au haut de cette planche est une soupière à poisson imitée des vieux maîtres. Le couvercle, qui ne présente géométralement que deux traits, est un ovale assez étendu sur lequel on a sculpté des poissons, qui forment une espèce d'embrassement à une figure de fleuve ou dieu marin couché dans une coquille. C'est sur cette espèce de plateau qu'on étale, pour le service, des écrevisses, des moules, des huîtres et autres coquillages. Le corps de la soupière est aussi de forme ovale; il est orné du triomphe d'Amphitrite, d'un relief peu saillant, et porté sur des chevaux marins. Cette pièce, faite pour occuper le milieu d'une table, ne manque ni de caractère ni d'agrément.

Le N.º 2 représente une truelle à poisson de la forme ordinaire et percée des trous nécessaires pour laisser passer le liquide; elle est ornée d'un poisson gravé seulement au trait. Le N.º 3 est une fourchette à huîtres ornée d'une tête de Neptune, sa forme est celle du trident qu'on donne à ce dieu.

Les deux plateaux à bouteille, N.ºs 4 et 5 n'ont pas besoin d'explication : l'un, destiné au vin, est orné des attributs de Bacchus; sur l'autre, qui doit contenir la caraffe à l'eau, sont ciselés des cignes, des poissons, des plantes aquatiques, etc., etc.

Au N.º 6, est une fermeture de sac de la forme usitée, sa disposition est ingénieuse et de bon goût. A l'endroit du ressort est gravé le symbole de la fidélité.

La cuiller à sucre, N.º 7, est percée de trous

selon l'usage, son manche qui représente le ca-
ducé de Mercure, est très-heureux sous tous les
rapports.

De l'autre côté, sous le N.º 8, est une truelle à
beurre ajustée avec un pied de chèvre.

Enfin, sous les N.ºˢ 9 et 10 sont deux agraffes
composées avec des têtes et des pattes de lion.
La première appartient à une chape, l'autre est
la fermeture d'un livre in-folio.

DIXIÈME CAHIER.

PLANCHE 55.

Le couvre-plat, N°. 1, est d'une belle forme
et bien exécuté; il est dessiné sur une assez
grande échelle, pour qu'on puisse en bien sentir
tous les détails. Ces couvre-plats qu'on multiplie
souvent sur les grandes tables, ajoutent singuliè-
ment à la magnificence du service.

La bouille gravée au-dessous est un de ces vases
remplis d'eau bouillante, sur lesquels on pose les
plats pour les tenir chauds. Elle est ornée, à son
pourtour, de syrènes et de naïades qui mettent le
feu à des joncs. Deux de ces nymphes s'élancent
de chaque côté, en tenant une botte de ces mêmes
joncs qui forment l'anse du vase; les autres parties sont enrichies d'écailles et de feuilles d'eau.

Sous les N.ºˢ 3 et 4, sont : un petit miroir à main
paré des attributs de Vénus, et un ornement
détaché.

PLANCHES 56 ET 57.

L'usage de décorer d'arabesques et de bas-
reliefs les manuscrits et les livres rares et précieux est fort ancien. La plupart des trésors des
chapitres et des cathédrales en contenaient autrefois de très-riches et de très-curieux. Ce luxe, qui
depuis vingt ans est passé de mode, semble aujourd'hui reprendre faveur. Les deux couvertures
de livre dont nous donnons les modèles sont
aussi riches de composition que bien pensées; il
n'est pas un de leurs accessoires qui n'ait un rapport direct avec le sujet du livre qu'ils doivent décorer, et, sous ce rapport, ils ne peuvent que
conduire dans la bonne route, ceux qui suivront
les mêmes principes dans la composition de couvertures de tel autre livre que ce soit.

Pour l'intelligence de l'exécution, nous dirons
que les figures et les ornemens principaux doivent
être en bas - reliefs d'argent ou de vermeil et appliqués sur du maroquin vert; toutes les lignes et
les petits détails sont poussés en filets sur le maroquin même.

Les mêmes planches contiennent en outre deux
lampes d'église. La première se suspend au
moyen d'une chaîne attachée au bout des ailes
des deux chérubins qui, par leur souffle, semblent ranimer la flamme.

L'autre lampe porte un ange commis au soin
de l'entretenir et qui, à cet effet, y verse de
l'huile. Une branche d'olivier, chargée de fruits,
est sculptée autour, et se recourbe pour former
l'anse.

PLANCHE 58.

Nous ajoutons, à plusieurs girandolles que
nous avons déjà données, le dessin de quelques
autres qu'on voit ici : on les a choisies du genre le
plus nouveau et du meilleur goût. Parmi celles-
ci on en remarque une dont la figure et tous
ses accessoires sont puisés dans les monumens
égyptiens. C'est un mérite dont beaucoup d'artistes ne font pas assez de cas. Les plus belles compositions sont souvent déparées par des anachro-
nismes de détail.

PLANCHE 59.

Le N.º 1, est un candélabre à deux ou quatre
branches à volonté; il est orné dans le style égyp-
tien. La tige, d'où naissent les enroulemens qui
portent les branches, est terminée par un bibou,
animal consacré à Diane, ou la Lune, déesse de
la nuit. Le pied de ce candélabre nous paraît ne
pas être assez pesant pour empêcher la bascule
des parties supérieures, et c'est un véritable défaut. Il ne suffit pas, comme cela est, qu'il soit
réellement en état de maintenir les branches; il
faut encore qu'il le paraisse.

Le N.º 2, est une pipe formée par une tête
coiffée de tresses et ajustée avec plusieurs culots
d'ornemens qui donnent naissance au tuyau.

Le N.º 3, est un petit ustensile à jour qui se
pend au col des théières et sert à arrêter les feuilles
de la plante pour ne laisser passer que l'eau.

Le bougeoir, N.º 4, est dans la forme en usage :
son anneau est original et bien à la main. Le
bout de l'éteignoir est terminé par une tête de
pavôt. Une petite palme couchée lui sert de prise.

Sous le N.º 5, est figuré la moitié d'un porte-
mouchette, dont l'ornement, découpé à jour,
est d'un bon style.

Excepté la planche aux quatre girandolles,
toutes celles de ce cahier et plusieurs des précé-
dens et de celles qui suivent, ont été gravées d'a-
près des pièces exécutées sur les dessins de

4

M. Bury, par différens orfévres de la capitale. Cet
artiste, dont la réputation ne s'étend pas au-delà
du cercle de ses relations, parce que son extrême
modestie lui fait négliger les occasions de se faire
connaître, méritait ici un témoignage de notre
estime et de la considération qu'on doit à ses talens.

Pplanche 60.

On a placé, sous les N.º 1 et 2, la face et le profil
de deux porte-lettres destinés à occuper les extrémités d'une cheminée. Ces petits meubles,
naturellement consacrés à Mercure, sont cons-
truits avec les attributs du Dieu. Le tableau qui
reçoit les lettres est porté par les jambes de ce
guide des voyageurs et il est entouré des pattes,
des plumes, et de la tête du coq qui est l'emblème
de la vigilance.

Les N.ºˢ 6 et 8, sont des porte - curedents :
l'un, en forme de carquois, est monté sur
un petit stylobate circulaire et orné d'arabesques ; l'autre, formé d'un fruit semblable à un
anana, est parsemé de trous, dans lesquels se
placent les curedents. De larges feuilles l'em-
brassent à son pied et le relient avec des consoles
renversées et posées sur un soubassement triangulaire. Le tout est sur roulettes. Les plans de ces
deux petits ustensiles sont gravés au-dessous.

Le N.º 4, est un vase à contenir des olives,
décoré convenablement à son objet par des
feuilles et des fruits de l'olivier. La forme en est
simple et imitée de l'antique. Le N.º 5, présente,
vu de face, l'une des deux têtes à barbe qui
servent d'anse à ce vase. Au - dessus, sous le
N.º 3, est la cuiller, découpée à jour, avec laquelle on sert le fruit contenu dans le vase.

Le N.º 10 est une sonnette de bureau ornée
de rinceaux d'un bon style.

ONZIÈME CAHIER.

Planche 61.

Le sujet de cette planche est un déjeûner en
vermeil exécuté par M. Odiot, l'un de nos premiers fabricans, et l'un de ceux dont nous avons
déjà eu occasion de louer les productions.

Une balustrade, entièrement circulaire et portée
par des pilastres et des petites figures, forme une
enceinte où sont réunies toutes les pièces d'un
déjeûner à la fourchette. Ce cercle est divisé en
quatre parties égales par quatre piedestaux qui
sont occupés par des figures ailées, lesquelles
présentant des cornes d'abondance destinées à
recevoir le poivre, le sel, le sucre, etc. Entre
ces piedestaux sont quatre soupières, et au centre
une corbeille à pain ou à fruits. Cette corbeille,
comme l'indique le plan figuré au haut de la
planche, est aussi divisée en quatre parties par
des pilastres qui montent de fond et portent
une architecture formant plancher, sur laquelle
est une autre soupière. Celle-ci est à anses ;
elle est entourée d'un rinceau en feuilles de
vigne ; sur son couvercle, parsemé de feuilles
semblables, est une figure de faune, recevant
dans une coupe le jus du raisin qu'il presse dans
sa main. L'architrave est décorée d'une branche
de lauriers. Au-devant de chaque piedestal sont
rangées, dans l'exécution, trois cuillers dont
notre gravure ne rend pas compte, non plus
que des tiroirs pris dans l'épaisseur du socle infé-
rieur qui à cet effet a été tenu très-élevé, et dans
lesquels se placent les assiettes, les couverts, les
couteaux, etc. Sur ce même socle sont fortement
attachées des anses pour enlever le tout : on en
voit une, présentée de face, au haut de la planche.

Nous n'entrerons dans aucun autre détail sur
cette pièce capitale ; nous ne chercherons pas non
plus à relever le mérite de sa composition et de
son exécution ; notre gravure donne l'ensemble
de l'une, qu'on doit au génie inventif et fécond de
M. Cavaillier, et il suffit d'avoir nommé M Odiot
pour qu'on soit convaincu que, comme fabrication, il ne peut être rien produit de plus parfait.
Ce riche déjeûner est exécuté en vermeil ; on ne
l'estime pas a moins de 24,000 fr. Il a été exposé
au Louvre, en 1819, où, au milieu de morceaux
qui rivalisaient de goût, de pureté de formes, d'o-
riginalité, de richesse et de perfection de main-
d'œuvre, il a fait la sensation qu'il devait produire.

Planche 62.

Nous donnons dans cette planche un pot à oïlle,
exécuté en vermeil par M. Odiot, et qui fut encore une des pièces remarquables de l'exposition
de 1819.

La coupe est soutenue par trois belles figures :
Zéphire, Flore et Pomone. Primitivement, le
dessinateur, M. Cavaillier, avait eu l'idée de placer dessous, pour plus de solidité, un balustre,
tel que celui figuré sur notre planche ; à l'exécution, ce balustre a été supprimé. Les figures
posent sur un stylobate triangulaire, et le vase,
d'un trait pur et correct, est enrichi d'une frise en
vigne du travail le plus précieux. Les anses qui,
ici, se composent d'une belle tête, autour de la

quelle deux serpens se replient et semblent se jouer, sont formées, dans l'exécution, du col des cygnes qui terminent la frise, et à-peu-près de la même manière qu'au sucrier gravé planche 70.

PLANCHE 63.

Le N.º 1 est une chocolatière dans la forme usitée, mais ornée avec un goût qui fait honneur au dessinateur. On remarque avec plaisir la jolie figure de femme qui décore le milieu du vase ; elle caresse un chat qui s'élance de ses bras, pour atteindre une branche de vanille placée au-dessus.

Le N.º 2 est un compotier. Sur un autel consacré à Pomone est une couronne de feuillages, sur laquelle pose une grande jatte, ornée de cornes d'abondance et de fruits. L'autel est paré de guirlandes, et la vasque de paquets de fruits ; elle est ajusté, à sa base, sur des espèces de nattes ou de paniers plats. Sur le bord extérieur de la coupe, on a rangé des poires en formes d'oves. Tous ces détails sont du meilleur choix, et de la plus belle exécution.

Au bas de cette planche, sous le N.º 3, est un ornement étranger aux sujets qu'elle représente ; et, N.º 4, un coquetier découpé à jour, et formé de tiges et d'épis de bled.

PLANCHE 64.

Le bâton de chantre, gravé sur cette planche avec tous ses détails, est, comme ceux des bedaux et les crosses des évêques, une marque de dignité dont l'origine date de l'antiquité. Celui-ci se compose de trois figures : la Foi, l'Espérance et la Charité ; elles sont disposées en cariatides, pour porter la boule du monde surmontée d'une croix. Les figures sont posées sur un chapiteau qui ne diffère du corinthien grec que par son tailloir triangulaire. Il sert de pomme au bâton qui peut avoir six pieds.

D'un côté est gravé le plan de ce chapiteau ; de l'autre, une de ces croix qui se pendent sur la poitrine.

PLANCHE 65.

Les N.ºˢ 1 et 2 présentent les deux faces d'un petit tronc d'église, propre a être attaché à une boiserie. A droite et à gauche est un ornement en forme de palmette, avec une rosace destinée à recevoir la vis. Au-dessus est la trémie par où s'introduit l'offrande. Les angles de ce joli coffret sont ornés de portraits de saints personnages et du signe de notre rédemption. Le panneau principal est décoré d'un bas-relief qui indique l'objet du meuble. Les sujets sculptés sur les petits côtés ne sont pas d'un moins bon sentiment.

Le N.º 3 représente une de ces couronnes à jour qu'on pose sur l'image de la Vierge.

Sous le N.º 4, est un joli modèle de boîtes aux saintes huiles. Ces boîtes sont ornées de triglyphes et réunies par un lien en forme de porte sur la frise de laquelle on lit : *miserere mei*, etc.

Le N.º 5 est un plat d'offrande. Au centre est la tête du Christ dont le monogramme est à l'exemple de quelques lampes des premiers chrétiens, disposé autour en forme de rayons. Au pourtour sont rangés les portraits des douze apôtres. Entre eux, des lettres isolées, donnent l'inscription suivante : *Deus sanctus*, *sanctissimus*. Le tout est enfermé par un cordonnet qui forme le bord extérieur.

Ce plateau, aussi bien pensé que bien ajusté, est encore une des aimables productions de M. Bury.

PLANCHE 66.

Cette planche est remplie par les deux faces et le couvercle d'un coffret à ouvrage, exécuté par MM. Odiot et Thomyre, sur les dessins de M. Cavaillier, pour la toilette donnée par la ville de Paris à l'impératrice Marie-Louise. Il est en vermeil et en nacre inscrustée. Les arabesques qui le décorent, sont du meilleur goût. Sur la face principale deux génies ailés soutiennent le chiffre de l'illustre personnage auquel appartient ce précieux meuble. Des feuilles de myrthe entourent ce chiffre ; au-dessous brille une couronne d'étoiles. Sur le couvercle, décoré aussi de motifs légers et agréables, est un groupe de deux enfans qui dévident du fil, et qui indiquent, par leur action, l'objet du meuble qu'ils décorent. Nous avons nommé les artistes qui exécutèrent ce bijou ; c'est l'éloge le plus complet que nous en puissions faire.

DOUZIÈME ET DERNIER CAHIER.

PLANCHES 67 ET 68.

Ces deux planches contiennent le plan, la face, le profil et les détails d'une écritoire circulaire et à plusieurs cornets, destinée a être mise au milieu d'une table ronde. Elle se compose d'une espèce de soubassement orné de pilastres, qui la divisent en neuf parties égales, sur lesquelles sont représentées les neuf Muses. Entre ces bas-reliefs sont neuf griffons, qui portent sur leur tête une espèce de gaine, pour recevoir les plumes ; ces griffons sont montés sur des petits piedestaux saillans.

La plate-forme de ce soubassement est fermée d'une balustrade, et contient quatre encriers et deux poudrières. Voyez planche 68. Le plancher qui les unit est enrichi d'ornemens en or, incrustés sur le fond qui est en argent. Au milieu, sur un piedestal, est la figure d'Apollon Musagète. A droite et à gauche, sont des gaines en forme de trépieds, pour mettre les pains à cacheter. Enfin, sous la figure du dieu, est placée la sonnette de bureau, que nous avons fait graver à côté de la coupe de l'écritoire. Aux plumes, aux griffons, aux lauriers, et jusqu'au serpent qui se mord la queue, dont cette sonnette est ornée, et qui sont autant d'emblèmes parfaitement convenables dans la circonstance, on voit que, même dans les moindres détails, le dissinateur n'a rien admis sans réflexion. Les bas-reliefs sont bien ajustés; les figures des Muses ne manquent ni de grâce ni de noblesse, et, si quelques-unes offrent des motifs déjà connus; il en est d'autres qui sont tout-à-fait originales et qui prouvent que M. Bury, auteur de cette charmante composition, est aussi habile dissinateur qu'artiste ingénieux.

Planche 69.

Le N.º 1 est un réchaud. L'artiste a eu la singulière idée de le consacrer aux Euménides, et de l'orner, par conséquent, des attributs et des emblèmes qui caractérisent ces divinités du sombre empire. Les trois redoutables déesses, étendent leurs bras entortillés de serpens; elles soutiennent trois urnes remplies de flammes; une guirlande de lauriers les unit. Le corps du réchaud est percé en forme de grille, et au-dessous est un cendrier suspendu aux chaînes qui retiennent le chien Cerbères. Cet animal à trois têtes et à trois pattes forme la base de ce meuble original. Le manche, que nous avons figuré de face sur la même planche, rappelle le sceptre de Pluton.

Au-dessus de ce réchaud est une soupière plate dans la forme usitée; elle est enrichie seulement de deux anses, d'une forme neuve et commode, attachés par un ornement à palmettes en gousses. Le couvercle est surmonté d'une poignée qui tient à deux têtes de bœuf couvertes de feuilles potagères.

Au haut de cette planche, sont deux modèles, grands comme l'exécution, de petits meubles que le luxe et l'amour de la propreté ont depuis peu introduits sur nos tables; ce sont de petits supports au moyen desquels on empêche que la pointe du couteau et de la fourchette, ne salissent la nappe. Ils se forment d'une barre orizontale élevée à ses extrémité par trois pieds disposés de manière qu'un des trois soit toujours en l'air.

Planche 70.

Le N.º 1 est une coupe servant de sucrier; elle est supportée par deux figures à genoux et ailées. Sa forme se rapproche beaucoup de celle du pot à oïlle gravé planche 62. La frise en est riche, les anses, formées par les cols de cygnes, sont d'un très-bon profil.

Cette pièce fait partie du magnifique service en vermeil, exécuté par M. Odiot et dont nous avons publié les pièces les plus importantes dans ce recueil.

Au-dessous est une beurrière ovale. De jeunes cignes, qui semblent sortir des roseaux et secouer leurs ailes, lui servent d'anses. Un bas-relief, représentant une vache dans un gras paturage, orne la partie qui s'élève en forme de tour ronde et sur laquelle on place le beurre en motte.

La ravière qui est au-dessous est en forme de bateau; elle semble construite d'un tissu de nattes, dont les extrémités, qui présentent des rosettes, servent à la prendre.

Planches 71, 72 et dernière.

La plupart des nombreux sujets gravés dans ce recueil étant dessinés sur une échelle trop petite, pour que l'artisan peu versé dans la science du dessin, puisse saisir avec justesse le caractère des ornemens qui les décorent, et les reproduire ensuite avec succès, nous avons développé sur ces deux planches tous les motifs, dispersés dans l'ouvrage, qui nous ont paru avoir besoin de l'être; et, pour guider dans l'application la plus convenable qu'on puisse faire de chacun d'eux, nous avons renvoyé, par des numéros, aux planches du recueil où ces mêmes motifs ont été employés avec succès; mais beaucoup de ces motifs étant susceptibles d'être modifiés, ainsi qu'on en jugera par l'examen des planches auxquelles nous renvoyons, et, l'artiste ne devant se permettre de changer quelque chose à leur forme première, qu'avec la plus grande circonspection, nous avons eu soin de ne présenter sur ces deux planches que des types originaux, qui pourront ramener dans la bonne route ceux qui s'en seraient écartés.

FIN.

TABLE

DES MODÈLES CONTENUS DANS CET OUVRAGE

AVEC RENVOI AUX PLANCHES OU ILS SONT GRAVÉS.

Cᵗᵉˢ Normand. inv. et sculpᵗ.

1. Vase, 2 et 3. Calices.

Publié par Bance ainé à Paris.

C.ble Normand inv. et sculp.t

Publié par Bance. ainé.

1. Ciboire, 2. Encensoir, 3. 4. Lampes d'Église.

1. Ostensoir, 2. 3. Chandeliers d'enfans de chœur.

C.ᵉˢ Normand inv. et sculp.ᵗ   Publié par Bance aîné.

1. Ostensoir, 2. 3. 4. Supports variés, 5. 6. Burettes, 7. 8. Patènes.

C.ᵗᵉˢ Normand inv. et sculp.ᵗ

Publié par Bance aîné.

1. Chandelier d'Église, 2.3. Grandes Croix.

C.ᵉˢ Normand inv. et sculp.ᵗ   Publié par Bance aîné.

1. Chandelier d'Eglise, 2. 3. Crosses.

Mr. Soyer Sculp.ᵗ   Publié à Paris par Bance aîné.

1. Candelabre avec le détail de ses bobèches et de son chapiteau exécuté chez Mr. Cahier Orfèvre du Roi.

2. Tasse à Glace. 3. Moutardier exécutés chez Mr. Legay.

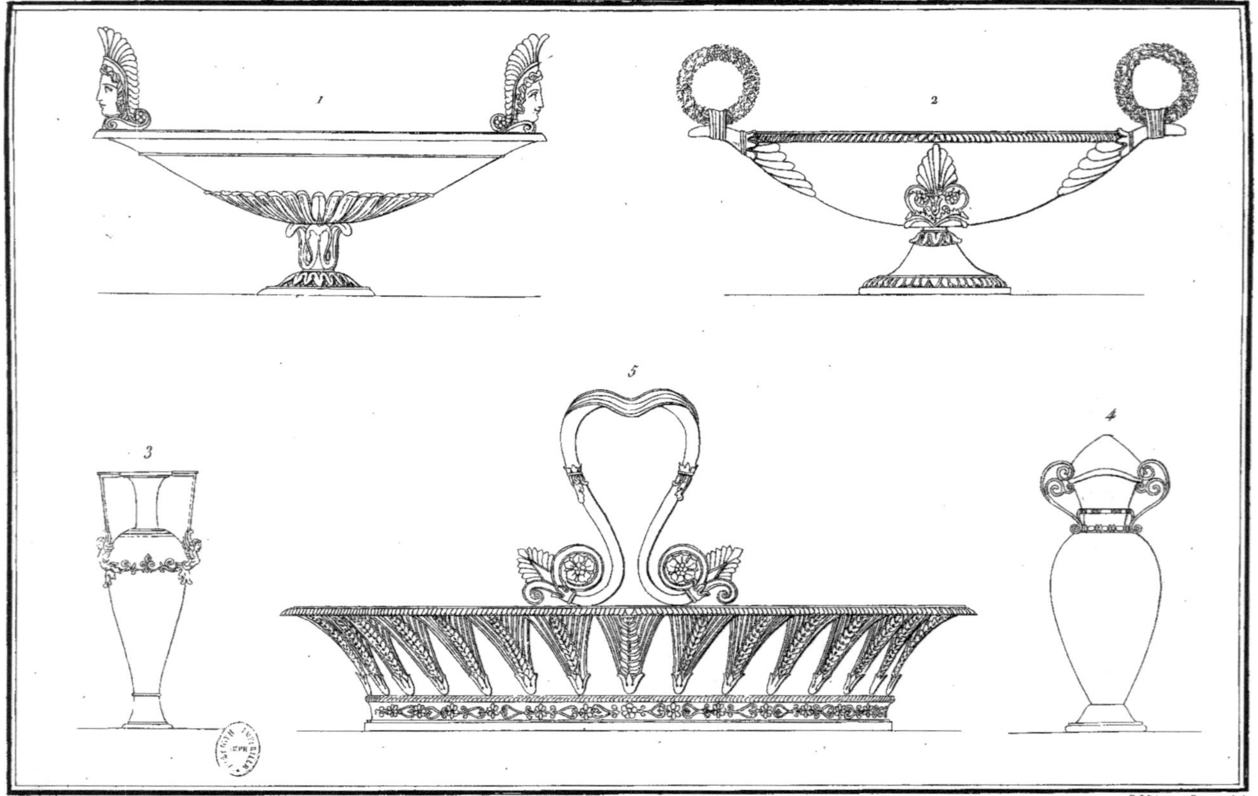

Mr Seyer Sculpt. Publié par Bance ainé.

1. 2. Tasses. 3. Fiole à Huile. 4. Fiole à Parfums. 5. Corbeille à Pain exécutés chez Mr Legay Orfèvre.

1. Crosse. 2. 3. 4. 5. Variantes d'une autre Crosse exécutée sur le même modèle chez M.r Cahier Orfèvre du Roi.

Mme Sayer sculp.t   Publié à Paris par Rance aîné.

Petite arche en vermeil exécutée pour le chapitre de Notre-Dame de Paris par Mr Legay Orfèvre.

Reveil sculp.^t

Publié à Paris par Bance ainé.

Fontaine à Thé et Détail d'un plateau exécutés chez Mr Legay Orfèvre.

1. Théière. 2. Sucrier exécutés chez M.r Legay Orfèvre.

1. Huillier, 2. Anneau et plan de l'huillier, 3. Tasse, 4. Gobelet ou Timbale.

C.ˡᵉˢ Normand inv.ᵗ et Sculp.ᵗ

à Paris, chez Bance ainé, rue S.ᵗ Denis N.º 214.

Déposé à la Direction.

C.^{les} Normand inv. et sculp.^t

Publié par Bance ainé.

1. Petit Flambeau, 2. Cafetière, 3. Sucrier, 4. Plan du Support des Cuillers.

C.tes Normand inv. et Sculp.t

Publié par Bance ainé.

1. Soupière, 2. Manche de Cuiller, 3. Cuiller à potage.

C.re Normand inv. et sculp.t

Publié par Bance aîné.

.1. Pot à Eau, 2. Saucière, 3. Salière, 4. Bassin, 5. Coupe du Bassin, 6. Plateau à bouteilles.

C.ᵗᵉˢ Normand inv. et sculp.ᵗ

Publié par Bance ainé.

1. Salière, 2. Bol à anse, 3. Moutardier, 4. Coquetiers.

C.les Normand inv. et sculp.t

Publié par Bance ainé.

1. Girandoles, 2. Flambeaux, 3. Petits Gobelets à liqueurs.

Mc. Soyer sculp.t   Publié par Bance aîné à Paris.

1. Fontaine de Table exécutée au 16.e Siecle.
2. Vase du Musée Royal attribué à Benvenuto Cellini.

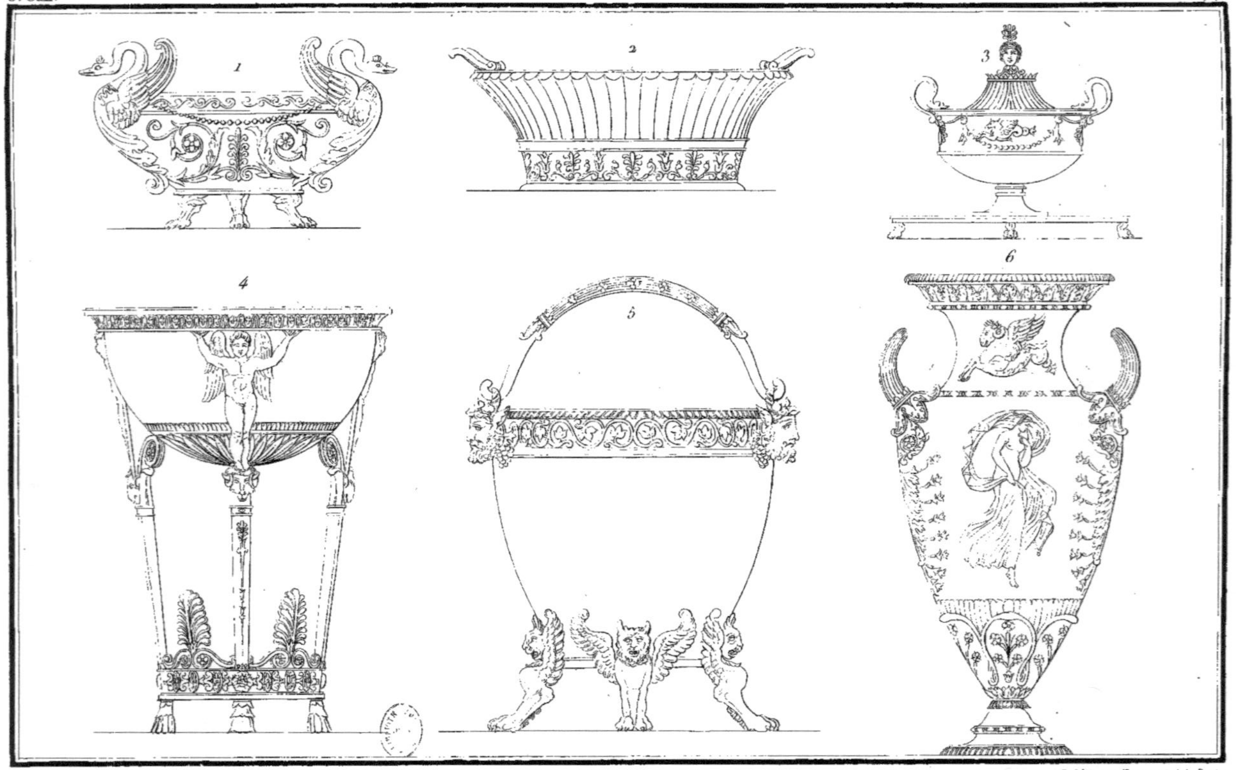

Mʳ. Soyer sculpᵗ.

Publié par Bance aîné à Paris.

1. Réchaud de table. 2. Panier à fruits. 3. Petit Sucrier. 4. Cassolette. 5. Sceau à raffraichir. 6. Vase exécutés chez Mʳ. Legay Orfèvre.

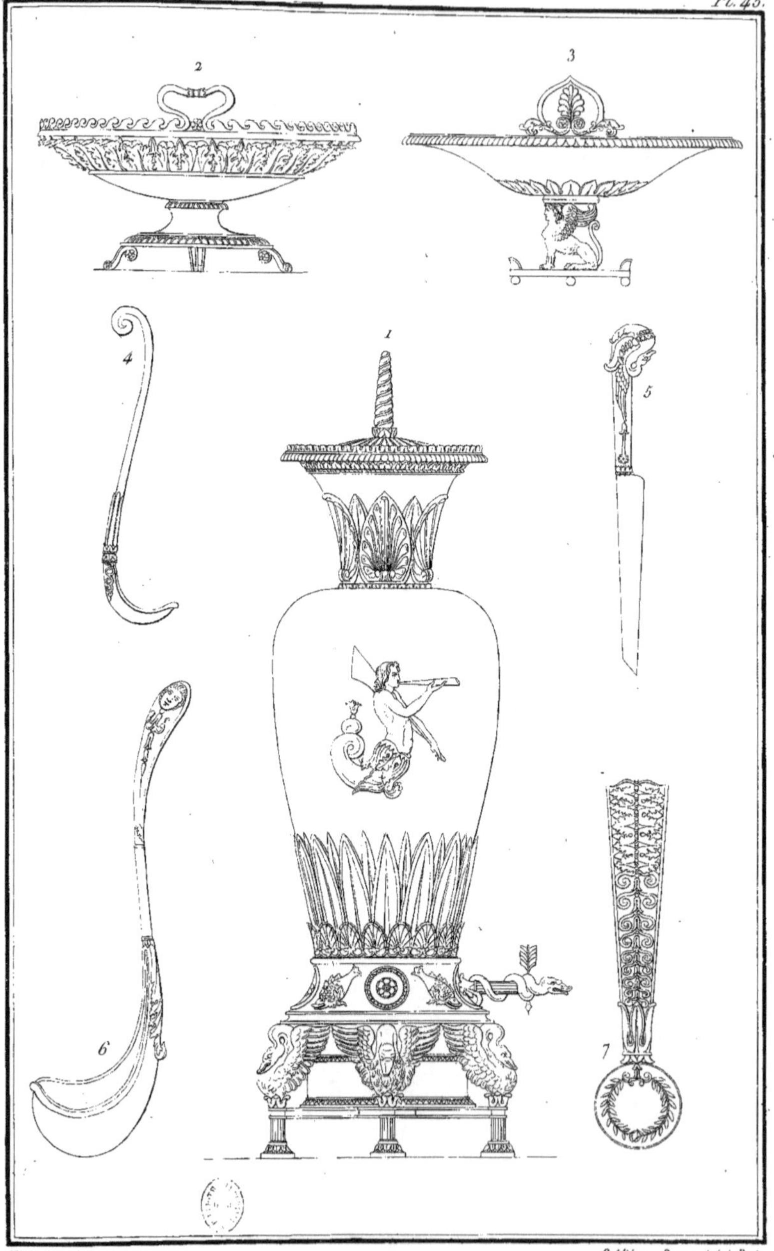

Mᵉ. Soyer. sculpᵗ.   Publié par Bance ainé à Paris.

1. Fontaine à Thé. 2.3. Tasses. 4. Cuillère à moutarde. 5. Couteau à découper.
6. Cuillère à Punch. 7. Pincettes à sucre exécutés par Mᵉ. Legay Orfèvre.

1. 2. Bols à Punch. 3. Cuillère à Thé. 4. Tasse. 5. Vase à dessert. 6. Verrière exécutés chez M.ʳ Legay Orfèvre.

Mˡ Seyer sculpᵗ   Publié par Bance ainé à Paris.

1. Huillier. 2. 3. 4. Vases. 5. Veilleuse. 6. 7. Écriteaux à pendre aux flacons à liqueurs exécutés chez Mˡ Legay Orfèvre.

M.ᵉ Soyer sculp.ᵗ   Publié par Bance ainé à Paris.

1. Girandolle à deux ou à quatre branches. 2. Poignée d'épée. 3. Manche de poignard. 4. 5. Vases exécutés chez M.ᵉ Legay Orfèvre.

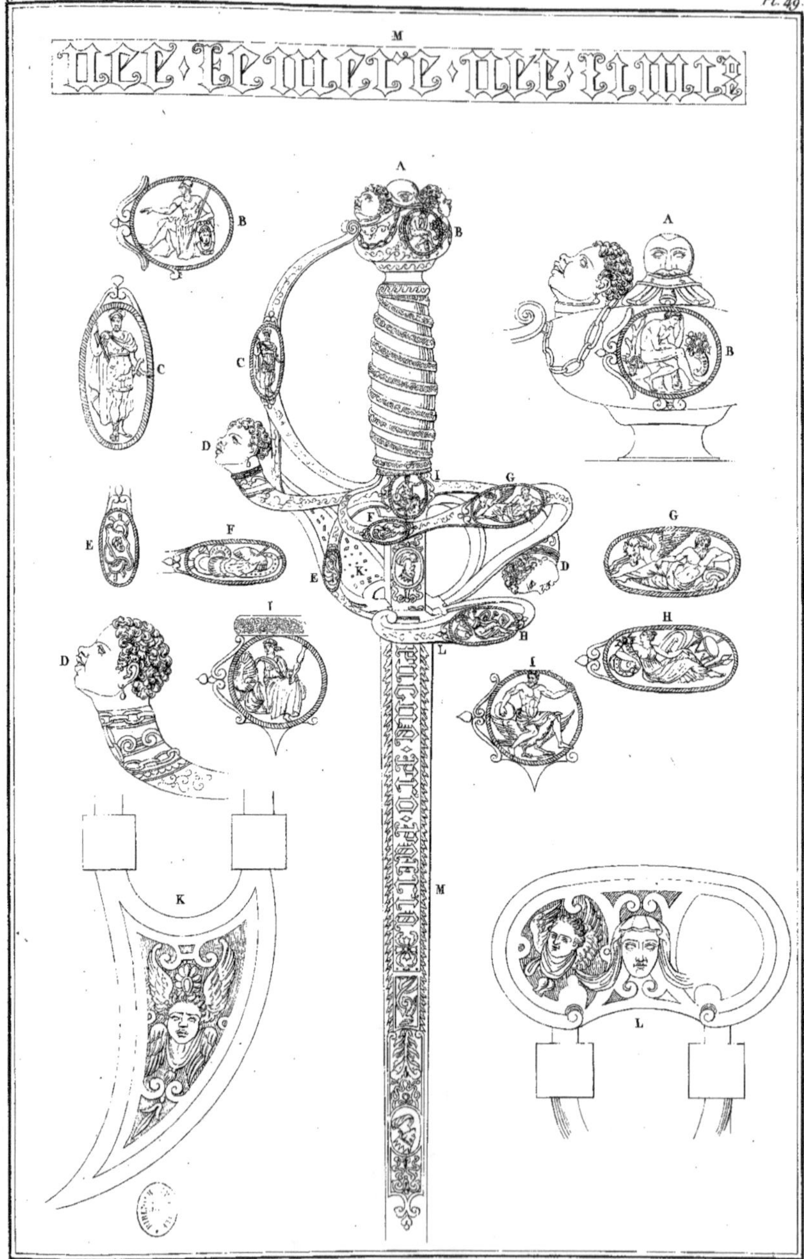

M.ʳ Seyer sculp.ᵗ

Publié par Bance aîné.

Épée qu'on suppose avoir appartenue à Charles-Quint.
Les lettres placées près de l'épée et répétées près des détails indiquent la place de chacun d'eux,
Ces détails sont de la grandeur de l'exécution.

Mᵉˡˡᵉ Julie Ribault sculp.ᵗ   Publié par Bance aîné.

Aiguière exécutée au XVI.ᵉ Siècle.

1.2.3. Détail du Plateau gravé sur la planche suivante.

Mˡˡᵉ Ribault sculpᵗ

Publié par Bance ainé.

Échelle de

Plateau de l'Aiguière de la planche précédente avec le complément de ses détails.

Plan et profil d'un Plat exécuté au temps de François 1.er

M.º Soyer sculp.

Publié par Bance ainé.

1. Vase exécuté chez M.º Legay. 2.3. ornemens d'assiettes, 4.5. Encrier et son plan, 6.º Hache à sucre.

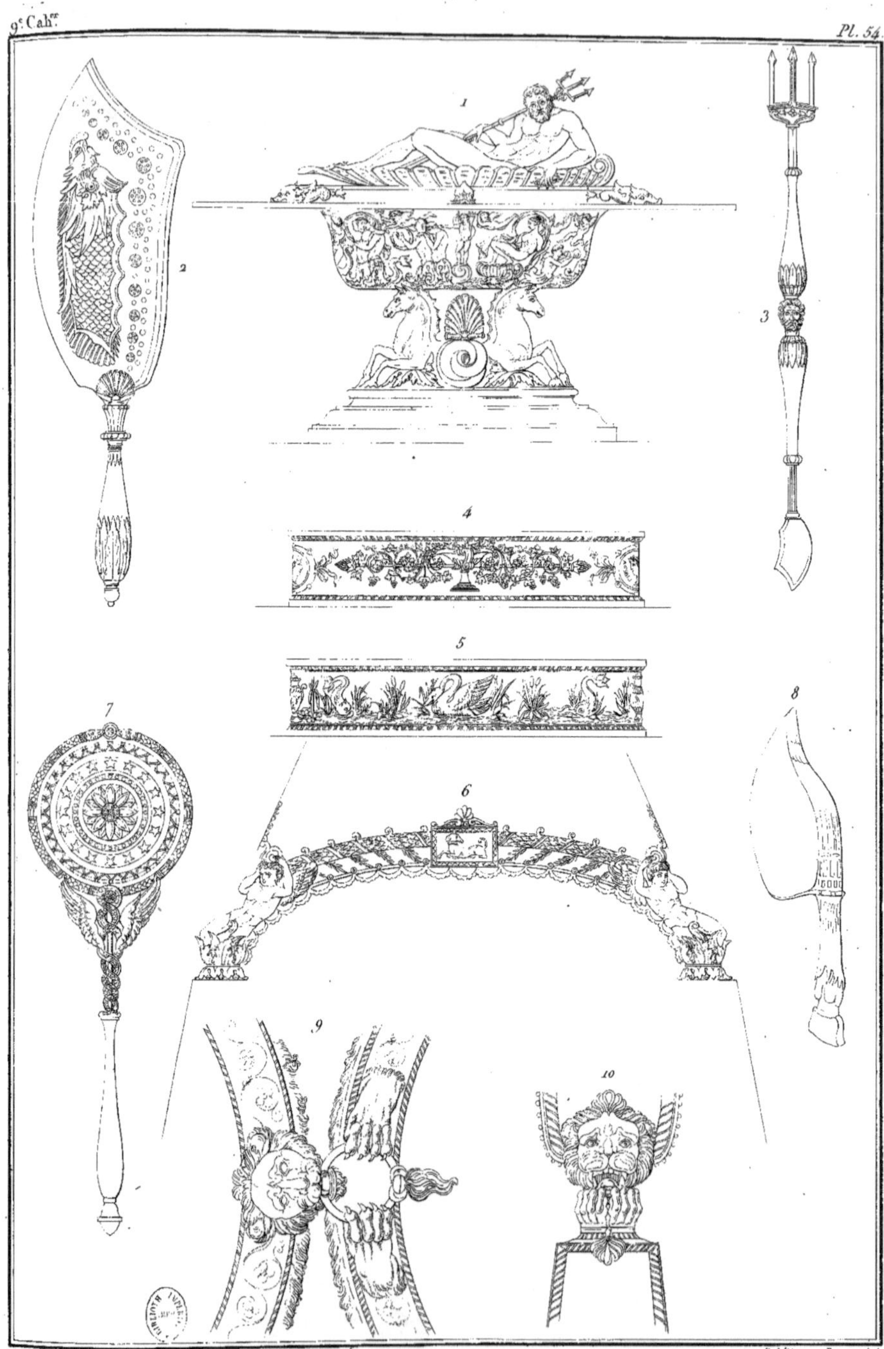

1. Soupière à poisson, 2. Truelle à poisson, 3. Fourchette pour les huitres, 4.5. Plateaux pour caraffes à l'eau et au vin,
6. Fermeture de sac, 7. Cuiller à sucre, 8. Truelle à beurre, 9.10. deux agraffes.

De Bucy inv.ᵗ Normand, fils sculp.ᵗ

Publié par Bance aîné à Paris.

1 . Couvre-plat . 2 . Bouille aux deux tiers de l'exécution . 3 . Miroir-à-main . 4 . Ornement détaché .

De Bury inv.ᵗ Mᵉˡˡᵉ Ribault sculp.ᵗ   Publié par Bance ainé.

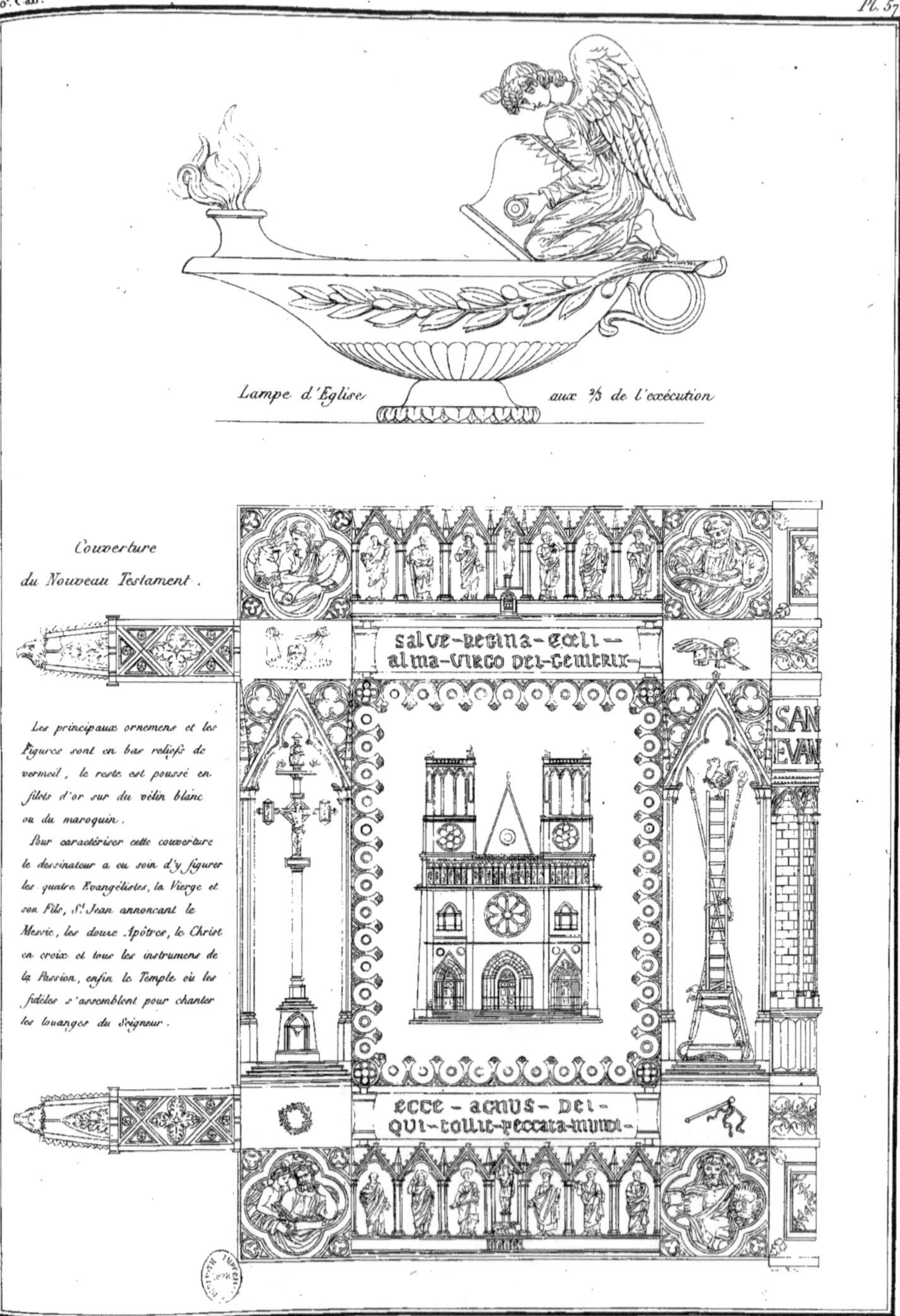

Lampe d'Église . . . . *aux ⅔ de l'exécution*

*Couverture
du Nouveau Testament.*

Les principaux ornemens et les
Figures sont en bas reliefs de
vermeil, le reste est poussé en
filets d'or sur du vélin blanc
ou du maroquin.

Pour caractériser cette couverture
le dessinateur a eu soin d'y figurer
les quatre Évangélistes, la Vierge et
son Fils, St Jean annonçant le
Messie, les douze Apôtres, le Christ
en croix et tous les instrumens de
la Passion, enfin le Temple où les
fidèles s'assemblent pour chanter
les louanges du Seigneur.

De Bury inv.^t Mlle Ribault sculp.^t

Publié par Bance aîné.

Réveil sculp.

Publié par Bance ainé.

Quatre Girandolles exécutées d'une grande proportion.

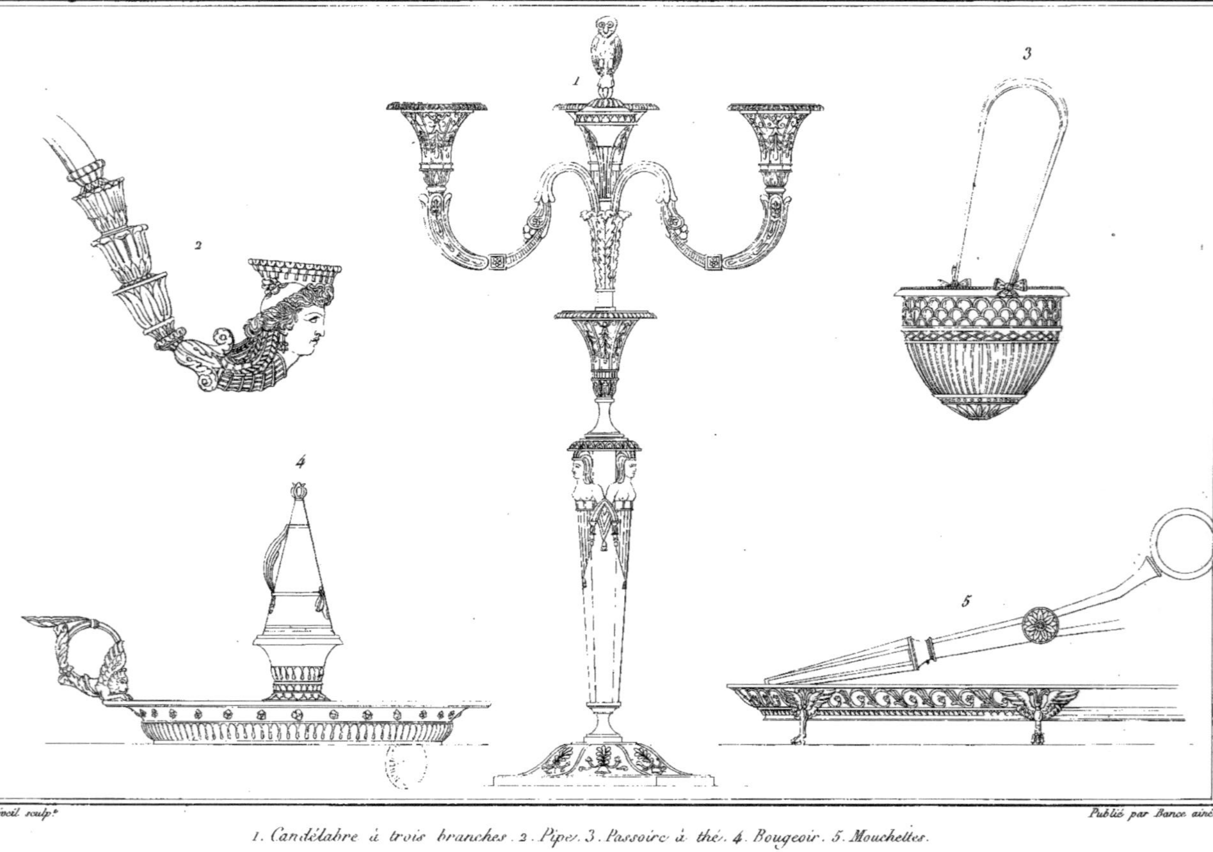

Réveil sculp.ᵗ   Publié par Bance aîné.

1. Candélabre à trois branches. 2. Pipe. 3. Passoire à thé. 4. Bougeoir. 5. Mouchettes.

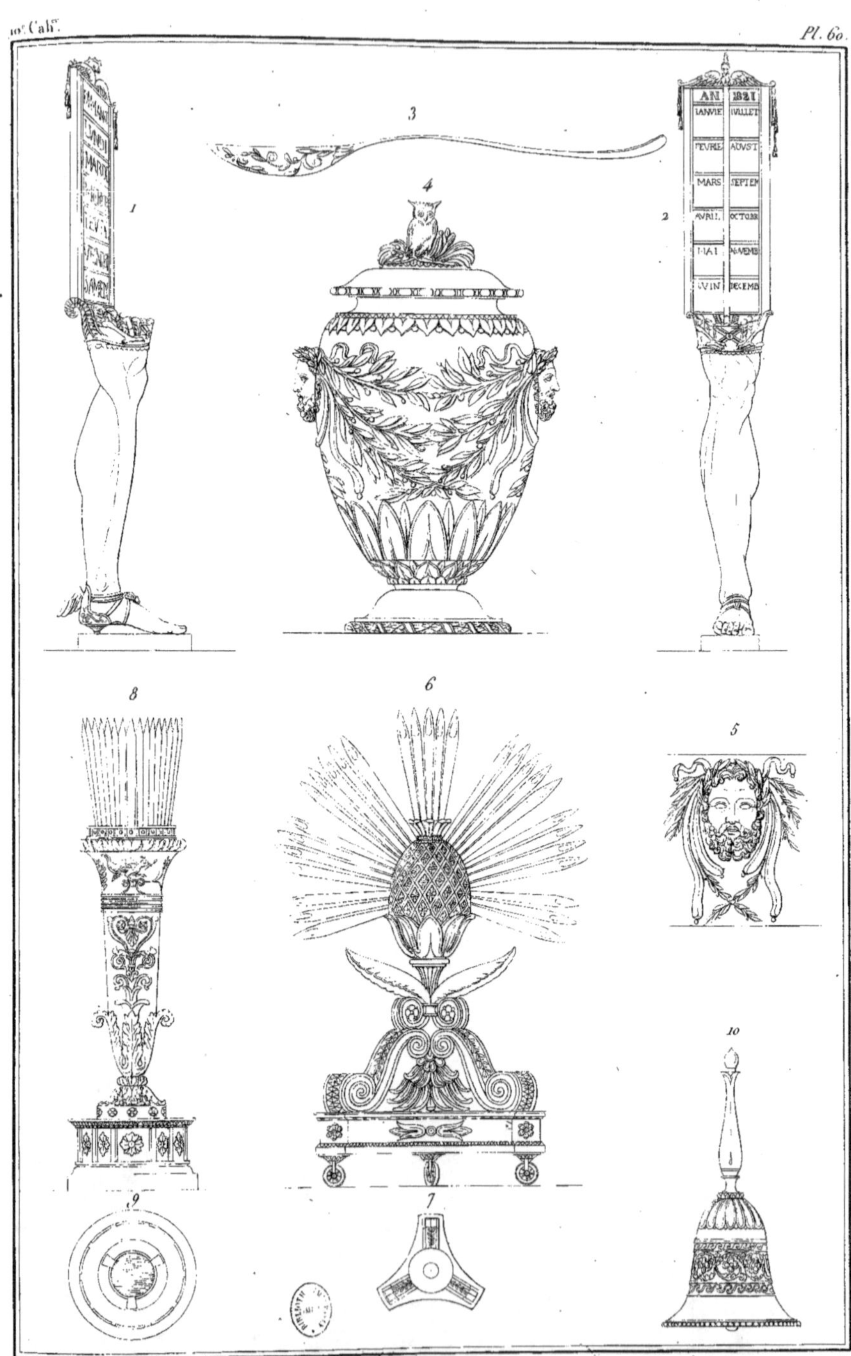

1. 2. Souvenir et Calendrier. 3. Cuiller à olives. 4. Vase à olives. 5. Son anse vu de face.
6. 7. 8. 9. deux Porte-cure-dents et leur plan. 10. Sonnette de table.

Mᵉˡˡᵉ Ribault sculp!   Publié par Bance ainé à Paris.

Déjeûner en vermeil exécuté par M.ʳ Odiot sur les dessins de M.ʳ Cavaillier. Pièce la plus capitale en orfèvrerie, exposée au Louvre en 1819.
2. Anse vu de face. 3. Plan du déjeûner. A. Soupières. B. Corbeille. C. Piédestaux des grandes figures. D. Balustrade portée par les petites figures.

Normand fils sculp.t   Publié par Bance aîné.

Vase à Oille supporté par trois génies ayant les attributs de Zéphire, de Flore et de Pomone exécuté en vermeil par M.r Odiot, sur les dessins de M.r Cavaillier et l'un des morceaux les plus remarquables de l'exposition au Louvre en 1819. au-dessus est figuré l'anse vu de face et un ornement bachique étranger au sujet.

Normand, fils sculp.ᵗ

Publié par Bance ainé.

1. Chocolatière. 2. Compotier. 3. Ornement du Compotier. 4. Coquetier formé de feuilles et d'épis de blé. 5. Ornement détaché.

Normand fils sculp.t   Publié par Bance aîné.

1. Baton de chantre. 2. Plan du Chapiteau. 3. 4. figures de la foi et de l'espérance vues de face. 5. Croix à mettre au Cou.

Normand fils sculp.t   Publié par Bance ainé.

1.2. Les deux faces d'un petit tronc de Sacristie. 3. Couronne de la Vierge. 4. Boite aux Saintes huiles. 5. Plat d'offrande.

Mme. Ribault sculp.t

Publié par Bance aîné.

1. Coffret à bijoux exécuté en vermeil et en nacre sur les dessins de Mr. Cavaillier par M.M. Odiot et Thomire pour la toilette donnée par la ville de Paris à l'Impératrice Marie Louise. 2. Dessus du Coffret. 3. petit coté dont on a varié les chapiteaux malgré qu'ils soient tous semblables dans l'exécution.

De Bury inv.ᵗ Mᵉˡˡᵉ Ribault sculp.ᵗ   Publié par Bance aîné à Paris.

Écritoire consacré aux muses.

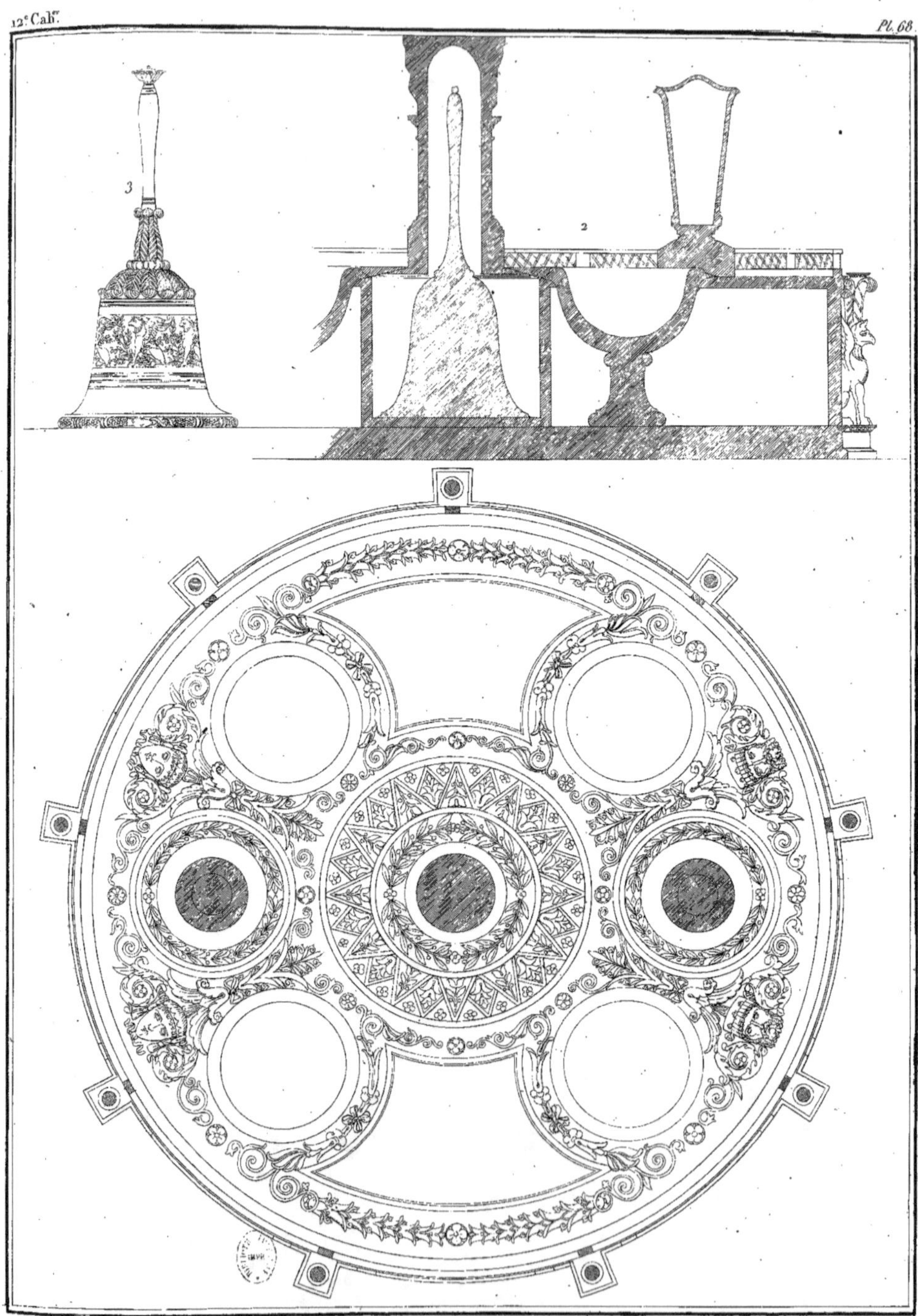

1. 2. Plan et Coupe de l'écritoire consacré aux muses. 3. Sonnette pour cet écritoire.

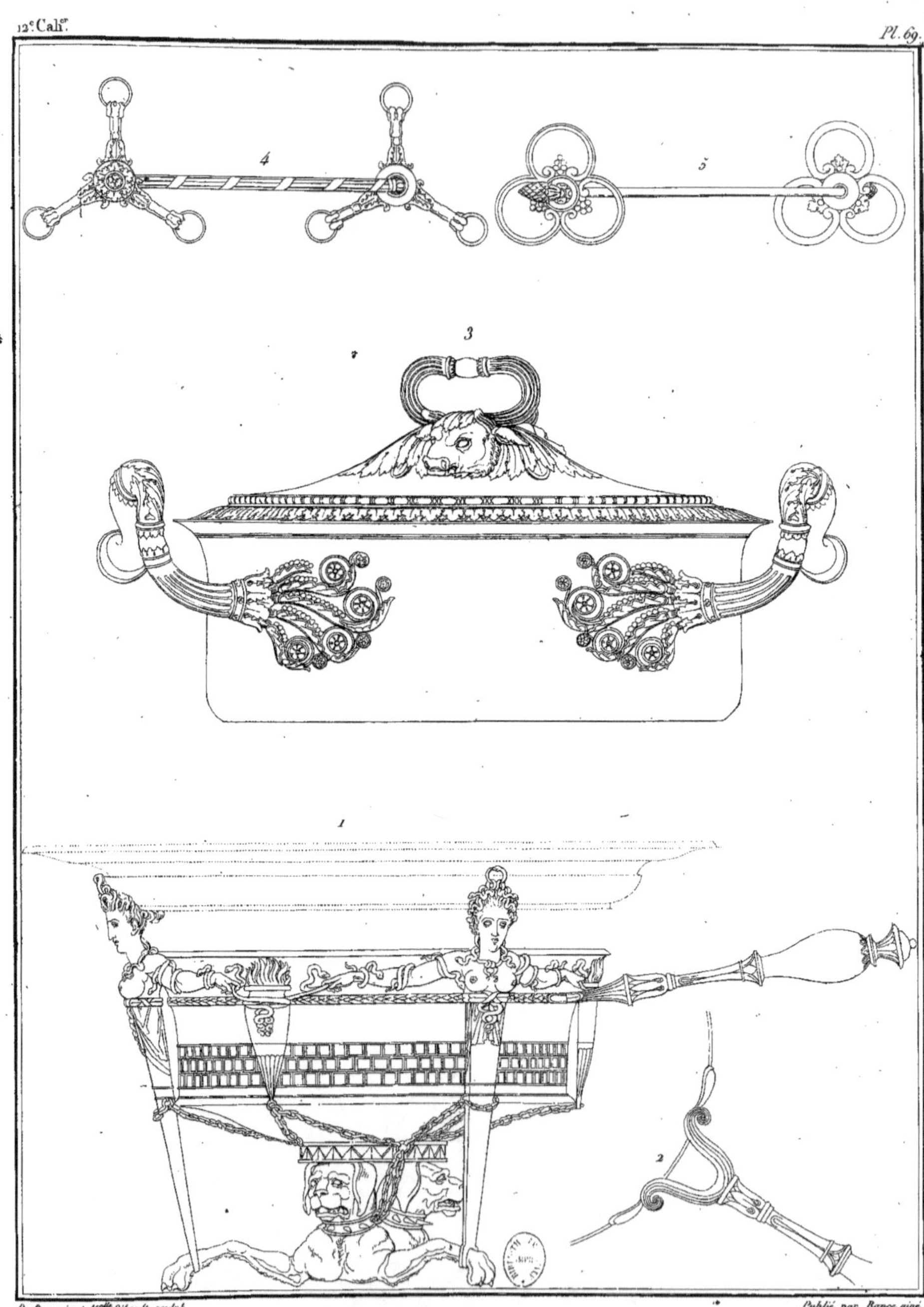

1. Réchaud consacré aux Euménides. 2. attache du manche. 3. Soupière plate. 4. 5. Supports à couteaux.

1. Sucrier. 2. Beurrière. 3. Ravier.

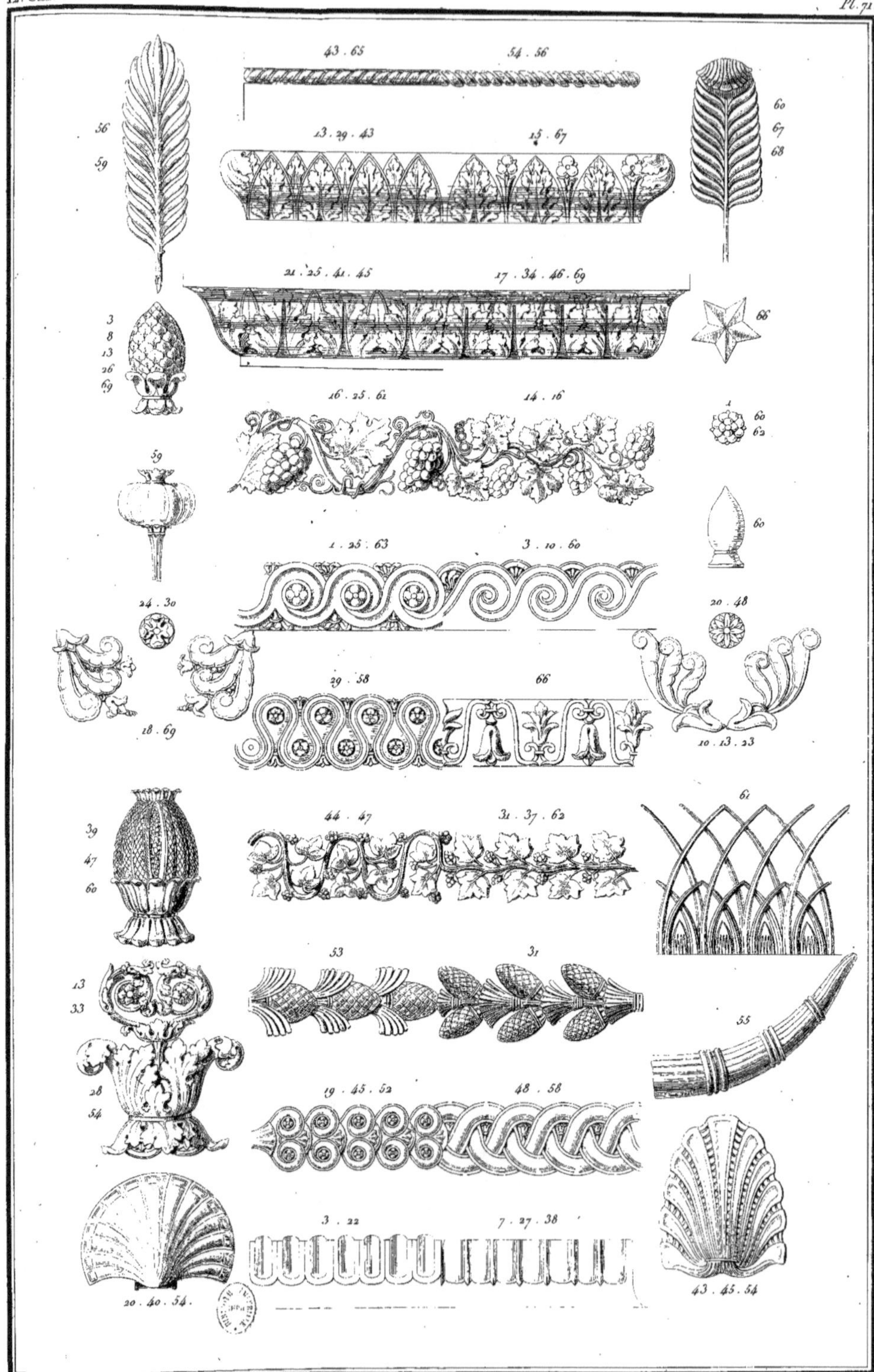

Normand, fils sculp.t

Publié par Bance aîné.

Table des principaux ornements qui décorent les modèles gravés dans l'ouvrage.

N.a Les N.os placés près de chaque ornement indiquent les planches où l'on trouve des exemples de leur emploi.

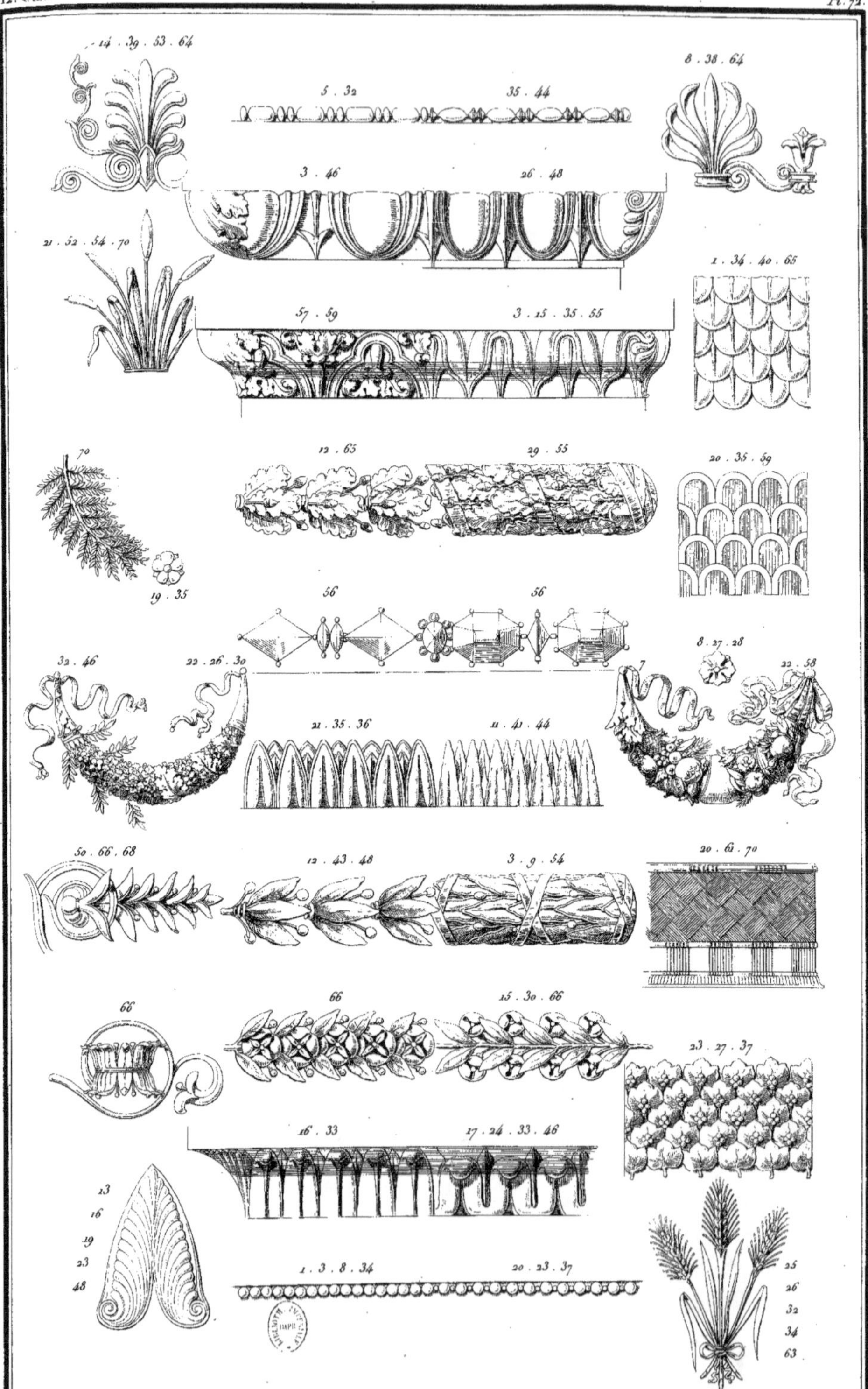

Normand fils sculp.ᵗ   Publié par Bance aîné.

Table des principaux ornements qui décorent les modèles gravés dans cet ouvrage.
N.ᵒ Les N.ᵒˢ renvoyent aux planches où les mêmes ornements se trouvent employés.